智能制造·1+X 证书系列教材

数控车铣加工（中级）

顾其俊　杨文强　编著

电子工业出版社

Publishing House of Electronics Industry

北京·BEIJING

内 容 简 介

本书分数控车削加工和数控铣削加工两篇，采用 FANUC 0i-TF、FANUC 0i-MD 系统，主要介绍操作控制面板、机床对刀操作及常用的编程指令、典型工件的加工编程和加工工艺。本书的特点是控制面板及对刀操作的直观性、可操作性及编程指令介绍的系统性和例题的代表性，力求做到书中介绍与实际数控机床操作相互对应。

本书可作为中等和高等职业院校学生参加 1+X 数控车铣加工职业技能等级证书（中级）考试的指导教材，也可作为各类数控培训机构的培训教材，还可作为数控机床操作人员的学习和参考用书。

未经许可，不得以任何方式复制或抄袭本书之部分或全部内容。

版权所有，侵权必究。

图书在版编目（CIP）数据

数控车铣加工：中级 / 顾其俊，杨文强编著. — 北京：电子工业出版社，2023.12

ISBN 978-7-121-46779-0

I. ①数… II. ①顾… ②杨… III. ①数控机床－车床－加工工艺－职业技能－鉴定－教材 ②数控机床－铣床－加工工艺－职业技能－鉴定－教材 IV. ①TG519.1 ②TG547

中国国家版本馆 CIP 数据核字（2023）第 228416 号

责任编辑：张　鑫

印　　刷：涿州市京南印刷厂

装　　订：涿州市京南印刷厂

出版发行：电子工业出版社

北京市海淀区万寿路 173 信箱　邮编：100036

开　　本：787×1092　1/16　印张：16　字数：410 千字

版　　次：2023 年 12 月第 1 版

印　　次：2023 年 12 月第 1 次印刷

定　　价：56.00 元

凡所购买电子工业出版社图书有缺损问题，请向购买书店调换。若书店售缺，请与本社发行部联系，联系及邮购电话：（010）88254888，88258888。

质量投诉请发邮件至 zlts@phei.com.cn，盗版侵权举报请发邮件至 dbqq@phei.com.cn。

本书咨询联系方式：zhangx@phei.com.cn。

　　本书是根据《国务院关于大力发展职业教育的决定》及教育部等多部门联合印发的《关于在院校实施"学历证书+若干职业技能等级证书"制度试点方案》文件精神，按照数控机床的实际操作流程和初学者的要求编写的，目的是探索对学历证书和职业技能等级证书所体现的学习成果进行认证、积累与转换的方法。

　　我国成为制造业强国离不开数控机床的普及。目前，企业急需掌握数控机床应用技术的大批人员，这些人员中除一些是经过数控技术培训后上岗的骨干生产工人外，主要来源是中等和高等职业院校学生。许多工科类中等和高等职业院校都购买了大量的数控机床，同时加大了对学生在数控机床操作技能方面的培养。然而，目前与之相配套的全面详细介绍数控机床操作、数控刀具选择、考证流程的教材并不多。

　　本书从职业院校学生的实际水平出发，本着内容通俗易懂，适合学生自学且让学生容易接受的思想，以达到上手快、记忆深的目的为出发点，以学生必须掌握的内容为编写宗旨，从如何激发学生的学习兴趣入手（让学生一看就懂），以编者20多年的实训指导经验为基础，由浅入深地详细讲解学生应该掌握的知识点。本书以大量真实的图片为学习导向，所有案例都采用实际案例并对其进行分析，充分满足职业院校为实现数控技能人才培养目标所制定的技能要求。让学生和在企业中从事数控机床加工工作的初学人员对着书本就能在真实的数控机床上进行操作是本书的亮点。

　　在数控系统的种类方面，本书主要介绍的是国内目前中等和高等职业院校及多数企业常用的 FANUC 0i-TF、FANUC 0i-MD 系统。本书采用了大量与机床屏幕显示一一对应的、直观的图片；在介绍控制面板操作及对刀操作的同时，介绍了这两种系统的常用编程指令，且对常用编程指令代码的介绍详细明了，关键点与难点突出，例题充分；在加工刀具部分，以图片形式直接将操作方法展示出来，并详细讲解了标准可转位刀具型号的选择；在考证操作加工示例的介绍中，结合实际考证要求，采用全方位过程结合实例的方式进行介绍。这些使本书变得非常易学，适合学生和在企业中从事数控机床加工工作的初学人员自学。为方便学生和在企业中从事数控机床加工工作的初学人员对数控机床编程的学习与训练，本书还配有编程加工练习图。

　　本书可作为中等和高等职业院校学生参加 1+X 数控车铣加工职业技能等级证书（中级）考试的指导教材，也可作为各类数控培训机构的培训教材，还可作为数控机床操作人员的学习和参考用书。

　　本书由国家"双高计划"高水平学校建设单位——浙江机电职业技术学院的从事数控机

床理论和实践教学已 20 多年且有丰富经验的顾其俊（两次荣获"浙江省技术能手"称号）和杨文强（全国技术能手）共同编写。叶俊（全国技术能手）、陈小红（教授）在本书的编写过程中提出了许多宝贵的建议。杭州奇尚商业展示系统有限公司的赵炎萍负责对本书的图片进行整理。

本书在编写时参考了北京发那科机电有限公司的数控系统操作和编程说明书，同时得到了华中数控股份有限公司的大力支持，在此表示衷心的感谢。

本书在编写时虽力求完善并经过反复校对，但因编者水平有限，书中难免存在不足和疏漏之处，敬请广大读者批评指正，以便进一步修改（编者邮箱：877585301@qq.com）。

编　者

2023 年 8 月

目　录

第1篇　数控车削加工

第 2 篇　数控铣削加工

党的二十大报告指出："加快建设国家战略人才力量，努力培养造就更多大师、战略科学家、一流科技领军人才和创新团队、青年科技人才、卓越工程师、大国工匠、高技能人才。加强人才国际交流，用好用活各类人才。深化人才发展体制机制改革，真心爱才、悉心育才、倾心引才、精心用才，求贤若渴，不拘一格，把各方面优秀人才集聚到党和人民事业中来。"

第1篇 数控车削加工

车削加工是机械加工中应用最为广泛的方法之一，主要用于回转体工件的加工。数控车床的加工工艺类型主要包括钻中心孔、车外圆、车端面、钻孔、镗孔、铰孔、切槽、车螺纹、滚花、车锥面、车成形面、攻螺纹。此外，借助标准夹具（如四爪单动卡盘）或专用夹具，在数控车床上还可完成非回转体工件的回转表面加工。

根据被加工工件的类型及尺寸不同，车削加工所用的数控车床有卧式、立式、仿形、仪表等多种类型。按被加工表面不同，所用的车刀也有外圆车刀、端面车刀、镗孔刀、螺纹车刀、切断刀等不同类型。此外，恰当地选择和使用夹具不仅可以可靠地保证加工质量、提高生产率，还可以有效地拓展车削加工工艺范围。本篇主要介绍以 FANUC 0i-TF 为控制系统的数控车床。

第 1 章　数控车床基本操作与编程

数控车床是数字程序控制车床（CNC 车床）的简称，它集通用性好的万能型车床、加工精度高的精密型车床和加工效率高的专用型普通车床的特点于一身，是国内使用量最大、覆盖面最广的机床之一。

数控车床主要用于轴类和盘类回转体工件的加工，能够自动完成内外圆柱面、圆锥面、圆弧面、螺纹等工序的切削加工，并能进行切槽、钻/扩/铰孔和各种回转曲面的加工。数控车床具有加工效率高、精度稳定性好、加工灵活、操作劳动强度低等特点，特别适用于复杂形状的工件或中小批量工件的加工。本章主要以 KDCL15 型数控车床为例进行讲解，其控制系统为目前工业企业和学校常用的 FANUC 0i -TF 系统。

1.1　数控车床的组成

数控车床是由程序载体、控制介质与输入/输出设备、计算机数控装置、伺服系统、机床本体组成的。

1．程序载体

数控程序是数控车床自动加工工件的工作指令。在对加工工件进行工艺分析的基础上确定工件坐标系在机床坐标系中的相对位置、刀具与工件相对运动的尺寸参数、工件加工的工艺路线或加工顺序、切削加工的工艺参数，以及辅助装置的动作等。得到工件的所有运动、尺寸、工艺参数等加工信息后，用标准的文字、数字和符号组成的数控代码按规定的方法和格式编写工件加工的数控程序单。编写程序的工作可由人工在计算机数控装置上直接进行，也可在数控车床以外用自动编程计算机软件来完成。

2．控制介质与输入/输出设备

控制介质是记录工件加工程序的媒介，是人与机床建立联系的介质。输入/输出（I/O）设备是数控系统与外部设备进行信息交换的装置，其作用是将记录在控制介质中的工件加工程序输入数控系统，或者将已调试好的工件加工程序通过输出设备存储或记录在相应的控制介质中。目前，数控车床常用的控制介质与输入/输出设备是磁盘和磁盘驱动器等。

此外，现代数控系统一般可利用通信方式进行信息交换。这种方式是实现 CAD（计算机辅助设计）与 CAM（计算机辅助制造）的集成，是 FMS（柔性制造系统）和 CIMS（计算机集成制造系统）应用的基本技术。目前，在数控机床上常用的通信方式有串行通信、自动控制专用接口、网络技术。

3．计算机数控装置

计算机数控装置是计算机数控系统的核心，其主要作用是根据输入的工件加工程序或操作命令进行译码、运算、控制等相应的处理，并输出控制命令到相应的执行部件（伺服单元、驱动单元和 PLC 等），完成工件加工程序或操作者所要求的工作。

4．伺服系统

数控车床的进给传动系统常用进给伺服系统来工作。数控车床伺服系统是以车床移动部件的位置和速度为控制量的自动控制系统，又称随动系统、拖动系统或伺服系统。

数控车床进给伺服系统一般由位置控制、速度控制、步进电机、检测部件及机械传动机构五大部分组成。按照伺服系统的结构特点，伺服单元或驱动器通常有 4 种基本结构类型：开环、半闭环、闭环及混合闭环。

（1）开环进给伺服系统。开环进给伺服系统即无位置反馈的系统，由步进电机驱动线路和步进电机组成：每个脉冲都使步进电机转动一定的角度，通过滚珠丝杠推动机床工作台移动一定的距离。这种伺服机构比较简单，工作稳定，操作方法容易掌握，但精度和速度的提高受到限制。如果负荷突变（如切深突增），或者脉冲频率突变（如加速、减速），则数控运动部件有可能发生"失步"现象，即丢失一定数目的进给指令脉冲，从而造成进给运动的速度和行程误差。故这种基本结构类型仅限于精度不高、轻载负载变化不大的经济型中小数控车床的进给传动。开环进给伺服系统如图 1-1 所示。

图 1-1　开环进给伺服系统

（2）半闭环进给伺服系统。在数控车床中应用最为广泛的是半闭环结构。半闭环进给伺服系统由比较线路、伺服放大线路、伺服电机、速度检测器和位置检测器组成。位置检测器装在丝杠或伺服电机端部，利用丝杠的回转角度间接测出机床工作台的位置。常用的伺服电机有宽调速直流电动机、宽调速交流电动机和电液伺服电机。位置检测器有旋转变压器、光电式脉冲发生器和圆光栅等。这种伺服系统所能达到的精度、速度和动态特性优于开环进给伺服系统，为大多数中小型数控车床所采用。它的环路中的非线性因素少，容易整定，可以比较方便地通过补偿来提高位置控制精度，而且电气控制部分与执行机械相对独立，系统通用性好。半闭环进给伺服系统如图 1-2 所示。

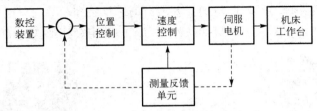

图 1-2　半闭环进给伺服系统

（3）闭环进给伺服系统。闭环进给伺服系统的工作原理和组成与半闭环进给伺服系统相同，只是其位置检测器安装在机床工作台上，可直接测出机床工作台的实际位置，故反馈精度高于半闭环进给伺服系统，但掌握调试方法的难度较大，其常用于高精度和大型数控车床。闭环进给伺服系统所用的伺服电机与半闭环进给伺服系统相同，而位置检测器则用长光栅、长感应同步器或长磁栅。一般来说，只在具备传动部件精密度高、性能稳定、使用过程温差变化不大的高精度数控车床上才使用闭环进给伺服系统。闭环进给伺服系统如图 1-3 所示。

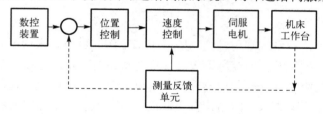

图 1-3　闭环进给伺服系统

5．机床本体

机床本体是加工运动的实际机械部件，主要包括主运动部件、进给运动部件（如机床工作台、刀架）和支承部件（如床身、立柱等），还有冷却/润滑/转位部件，如夹紧/换刀机械手等辅助装置。

数控车床本体经过专门设计，各个部位的性能都比普通车床优越。例如，其结构刚性好，能适应高速和强力车削需要；精度高、可靠性好，能适应精密加工和长时间连续工作等。

（1）主轴。数控车床主轴的回转精度直接影响工件的加工精度，其功率与回转速度影响加工效率，其同步运行、自动变速及定向准停等要求影响车床的自动化程度。

（2）床身及导轨。数控车床的床身除可采用传统的铸造床身外，还可采用加强钢筋板或钢板焊接等结构，以减轻其结构质量，提高其刚度。

数控车床床身上的导轨结构有传统的滑动导轨（金属型），也有新型的滑动导轨（贴塑导轨）。贴塑导轨的摩擦系数小，耐磨性、耐腐蚀性及吸振性好，润滑条件优越。在倾斜床身的导轨基体上粘贴塑料面后，切屑不易在导轨面上堆积，减轻了清除切屑的工作负担。

（3）机械传动机构。除部分主轴箱内的齿轮传动等机构外，数控车床已在原普通车床传动链的基础上做了大幅度的简化，如取消了挂轮箱、进给箱、溜板箱及其绝大部分传动机构，而仅保留了纵、横向进给的螺旋传动机构，并在驱动电动机和丝杆间增设了（少数车床未增设）可消除其侧隙的齿轮副。

（4）刀架。刀架是自动转位刀架的简称，是数控车床普遍采用的一种最简单的自动换刀设备。由于刀架上的各种刀具不能按加工要求自动进行装卸，故它只属于自动换刀系统中的初级形式，不能实现真正意义上的自动换刀。刀架的基本结构形式如图 1-4 所示。

（a）四工位刀架　　　　　　　　　　　　（b）转塔式刀架

图 1-4　刀架的基本结构形式

在数控车床上，刀架转换刀具的过程是接收转刀指令→松开夹紧机构→分度转位→粗定位→精定位→锁紧→发出动作完成后的回答信号。

（5）辅助装置。数控车床的辅助装置较多，除与普通车床所配备的相同或相似的辅助装置外，数控车床还可配备对刀仪、位置检测反馈装置、自动编程系统、自动排屑装置等。

1.2　数控系统编程指令的结构与格式

1.2.1　机床坐标系的建立

国际标准规定，数控机床的坐标系采用右手定则的笛卡儿坐标系，如图 1-5（a）所示。

提示

图 1-5（a）中的方向为刀具相对于工件的运动方向，即假设工件不动，刀具相对运动的情况。当以刀具为参照物而工件（或机床工作台）运动时，建立在工件（或机床工作台）上的坐标轴方向与图 1-5（a）中的方向相反。

1. 坐标轴及方向规定

数控机床的坐标轴和方向的规定如图 1-5（b）所示。

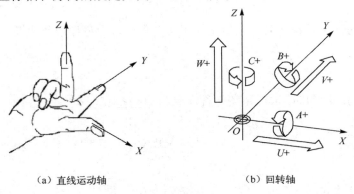

（a）直线运动轴　　　　　（b）回转轴

图 1-5　坐标系的定义

（1）Z 轴：规定与机床主轴轴线平行的坐标轴为 Z 轴，刀具远离工件的方向为 Z 轴的正方向。当机床有几根主轴或没有主轴时，选择垂直于工件装夹表面的轴为 Z 轴。

（2）X 轴：刀具在定位平面上的主要运动轴，垂直于 Z 轴，平行于工件装夹表面。对于数控车床、磨床等工件旋转的机床，工件的径向运动方向为 X 轴，刀具远离工件的方向为 X 轴的正方向。

（3）Y 轴：在 Z 轴和 X 轴确定后，通过右手定则确定 Y 轴。

（4）回转轴：绕 X 轴回转的坐标轴为 A 轴；绕 Y 轴回转的坐标轴为 B 轴；绕 Z 轴回转的坐标轴为 C 轴；方向采用右手螺旋定则确定。

（5）附加坐标轴：平行于 X 轴的坐标轴为 U 轴，平行于 Y 轴的坐标轴为 V 轴，平行于 Z 轴的坐标轴为 W 轴；其方向分别与 X 轴、Y 轴、Z 轴一致。

2．数控车床坐标轴的确定

*Z*轴：通常把传递切削力的主轴定为*Z*轴。对数控车床而言，工件的转动轴为*Z*轴，其中，远离工件的装夹部件方向为*Z*轴的正方向，接近工件的装夹部件方向为*Z*轴的负方向。

*X*轴：一般平行于工件装夹表面且垂直于*Z*轴。对数控车床而言，*X*轴在工件的径向上，且平行于横向滑座，刀具远离工件旋转中心的方向为*X*轴的正方向，刀具接近工件旋转中心的方向为*X*轴的负方向。

数控车床*X*轴和*Z*轴的定义如图1-6所示。

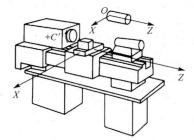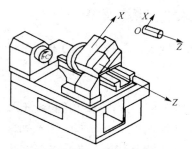

（a）水平床身前置刀架数控车床坐标轴　　　　　（b）倾斜床身后置刀架数控车床坐标轴

图1-6　数控车床*X*轴和*Z*轴的定义

1.2.2　程序格式

通常，程序的开头是程序名，之后是加工指令程序段及程序段结束符（；），最后是程序结束指令。

1．程序名

程序名的结构：FANUC数控系统的程序名为O××××；

↑
用4位数（0001～9999）表示

提示

使用程序名应注意以下几点。

（1）程序名必须写在程序的最前面。

（2）在同一数控车床中，程序名不可以重复使用。

（3）程序名O9999、O–9999（特殊用途指令）、O0000在数控系统中通常有特殊的含义，在普通加工程序中应尽量避免使用。

（4）程序名必须占一个单独的程序段。

2．程序段的构成

程序段的构成如下：

N____	G____	X（U）____	Z（W）____	F____	M____	S____	T____ ；
↓	↓	↓	↓	↓	↓	↓	↓
程序段顺序号	准备功能	X轴移动指令	Z轴移动指令	进给功能	辅助功能	主轴功能	刀具功能　程序段结束符

数控车床的加工程序以程序字作为基本单位，程序字的集合构成程序段，程序段的集合构成加工程序。加工工件的不同使数控加工程序也不同，在不同的加工程序中，有的程序段（或程序字）是必不可少的，有的是可以根据需要选择使用的。下面一个最简单的数控车床加工程序实例：

```
O0001;
T0101;
G00 X30 Z100;
S800 M03;
Z5;
G01 Z−20 F0.1;
G00 X50;
M30;
```

从上面的程序中可以看出，程序以 O0001 开头，以 M30 结束。在数控车床上，将 O0001 称为程序名，将 M30 称为程序结束指令。中间部分的每一行（以";"作为分行标记）称为一个程序段。

程序名、程序段、程序结束指令是加工程序必须具备的三要素。

3．程序段顺序号

为区别和识别程序段，可以在程序段的前面加上顺序号。

程序段顺序号的结构如下：

$$N× \sim \underline{××××}$$

用 1～4 位数（1～9999）表示

例如，程序段顺序号可用 N1，N2，…，N9999 来表示。

在 FANUC 系统中，某个程序段可以有顺序号，也可以没有，加工时不以顺序号的大小为各个程序段排序。

1.2.3　程序字与输入格式

在数控机床上，把程序中出现的英文字母及字符称为"地址"，如 X、Y、Z、A、B、C、%、@、#等；把数字 0～9（包括小数点和正负号）称为"数字"。通常来说，每个不同的地址都代表着一类指令代码，而同类指令则通过后缀数字加以区别。"地址"和"数字"的组合称为程序字，使用时应注意以下几点。

（1）一般来说，单独的"地址"或"数字"都不允许在程序中使用。例如，G、F、M、200 是不正确的程序字，而 X50、G01、M03、Z−30.112 是正确的程序字。

（2）程序字必须是字母（或字符）后缀数字的形式，先后次序不可以颠倒，如 01M、100X 是不正确的程序字。FANUC 0i 系统输入格式及含义如表 1-1 所示。

（3）对于不同的数控系统，或者同一系统的不同地址，程序字都有规定的格式和要求，这一程序字的格式称为数控系统的输入格式。数控系统无法识别不符合输入格式要求的代码。输入格式的详细规定可以查阅数控系统生产厂家提供的编程说明书。

表 1-1　FANUC 0*i* 系统输入格式及含义

地址	允许输入	含义
O	1～9999	程序名
N	1～9999	程序段顺序号
G	00～99	准备功能代码
X、Y、Z、A、B、C、U、V、W、I、J、K、R	−9999.999～+9999.999	坐标值
I、J、K	−9999.999～+9999.999	插补参数
F	0.01～500	进给速度
S	0～20000	主轴转速
T	0～9999	刀具功能
M	0～99	辅助功能
X、P、U	0～99999.999	暂停时间
P	1～9999999	子程序名

提示

表 1-1 列出的输入格式只是数控系统允许的输入格式，不能代表机床的实际参数。对于不同的机床，在编程时必须根据机床的具体规格（如机床工作台的移动范围、刀具数、最高主轴转速、快速进给速度等）来确定机床编程的允许输入范围。

1.3　数控车床操作控制面板（FANUC 0*i*-TF）

1.3.1　CRT/MDI 控制面板

CRT（Cathode Ray Tube）是阴极射线管，是应用较为广泛的一种显示技术。

MDI（Manual Data Input）指的是手动数据输入。

FANUC 0*i*-TF 系统的 CRT/MDI 控制面板如图 1-7 所示。

屏幕下面有 5 个软键（▢），可以用其选择对应子菜单的功能；2 个菜单扩展键（◀、▶），在菜单长度超过软键数时使用，可以显示更多的菜单项目。

（1）复位键 RESET：按此键使所有操作停止，使数控系统复位，用来消除报警等。

（2）帮助键 HELP：按此键用来显示如何操作机床（帮助功能）。

（3）地址/数字键：按这些键可输入字母、数字及其他字符。

（4）换挡键 SHIFT：在有些键的顶部有两个字符，按此键来选择字符，当一个特殊字符"＾"在屏幕上显示时，表示键面左上角的字符可以输入。

（5）输入键 INPUT：一般用于修改参数、补偿量输入及机床对刀数值的输入，编程时不会用到。

（6）取消键 CAN：按此键可删除输入缓冲区中的最后一个字符或符号。当输入缓冲区中的数据为>X100Z__时，按取消键，字符 Z 被取消，即显示>X100。

（7）编辑键：编辑程序时按这些键。

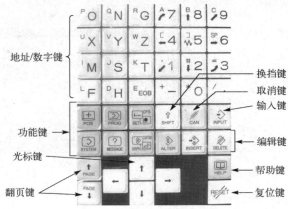

图 1-7　FANUC 0*i*-TF 系统的 CRT/MDI 控制面板

（替换键）：程序字的替换，用输入缓冲区中的字符替换光标所在处的字符。

（插入键）：程序字的插入，将输入缓冲区中的字符插到光标后面。

（删除键）：删除光标目前所在位置的字符。

（8）功能键：用于切换各种功能显示画面。

① ：显示位置画面。

连续按 键会出现 3 个画面切换的情况："绝对坐标"画面，如图 1-8 所示；"相对坐标"画面，如图 1-9 所示；机械坐标画面，如图 1-10 所示。

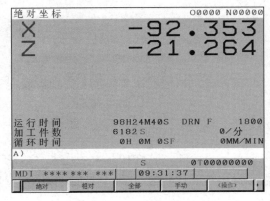

图 1-8　"绝对坐标"画面

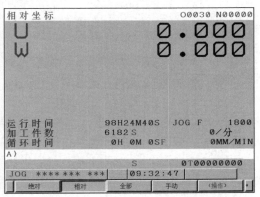

图 1-9　"相对坐标"画面

绝对坐标位置显示刀具在工件坐标系中的位置。

相对坐标位置值可以由操作复位为零，这样可以方便地建立工件坐标系。

机械坐标位置显示工件在机床中的位置。

② ⌨：显示程序画面。

连续按 ⌨ 键会出现两个画面切换的情况：所有程序目录显示画面，如图 1-11 所示；单个程序内容显示画面，如图 1-12 所示。

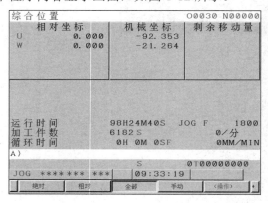

图 1-10　"机械坐标"画面

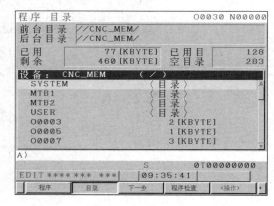

图 1-11　所有程序目录显示画面

③ ⌨：显示刀偏/设定（SETTING）画面。

按 ⌨ 键进入系统设定画面，如图 1-13 所示。按"刀偏"软件按钮（见图 1-14），进入刀具"偏置/形状"画面，如图 1-15 所示；按"磨损"软件按钮，进入"偏置/磨损"画面，如图 1-16 所示；按"工件坐标系"软件按钮（见图 1-17），进入"工件坐标系"画面，如图 1-18 所示。

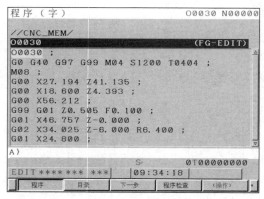

图 1-12　单个程序内容显示画面

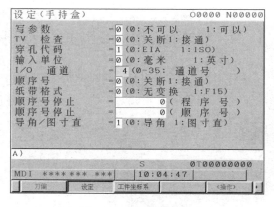

图 1-13　系统设定画面

④ ⌨：显示系统参数画面。

按 ⌨ 键可进入"参数"画面，如图 1-19 所示，按"诊断"软件按钮，可进入"诊断"画面，如图 1-20 所示；按"系统"软件按钮，可进入"系统配置/硬件"画面，如图 1-21 所示。

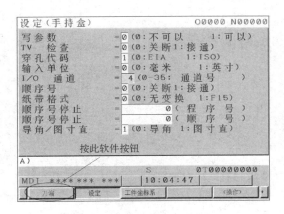

图 1-14　"刀偏"软件按钮

图 1-15　"偏置/形状"画面

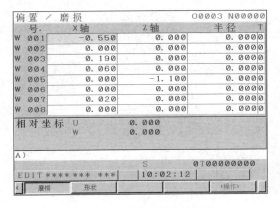

图 1-16　"偏置/磨损"画面

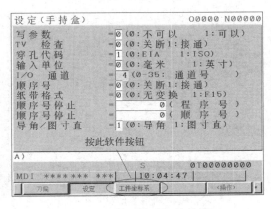

图 1-17　"工件坐标系"软件按钮

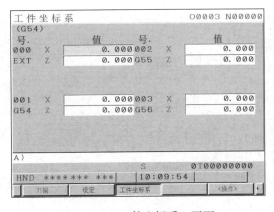

图 1-18　"工件坐标系"画面

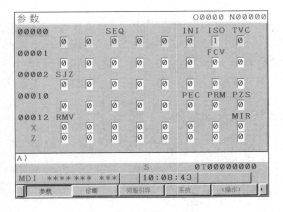

图 1-19　"参数"画面

⑤ 　：显示信息画面。

按　键可进入"报警信息"画面（加工及操作时一旦出现错误，该画面将自动跳出），如图 1-22 所示，按"履历"软件按钮，进入"报警履历"画面，如图 1-23 所示。

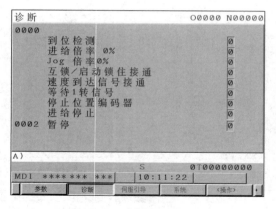

图1-20　"诊断"画面

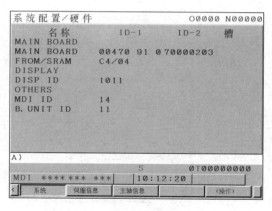

图1-21　"系统配置/硬件"画面

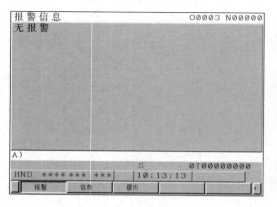

图1-22　"报警信息"画面

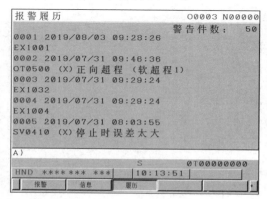

图1-23　"报警履历"画面

⑥ ：显示用户宏画面或图形画面。

按　键可进入"图形参数"画面，如图1-24所示（按　键显示下一页画面，见图1-25）。
按"图形"软件按钮，进入"刀具路径图"画面，如图1-26所示，此时按右下方的"（操作）"
软件按钮，如图1-27所示，进入刀具路径相关参数设置画面，如图1-28所示。

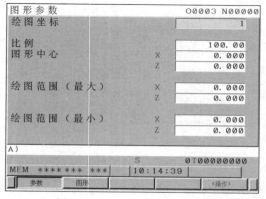

图1-24　"图形参数"画面1

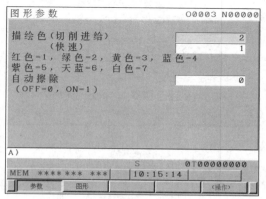

图1-25　"图形参数"画面2

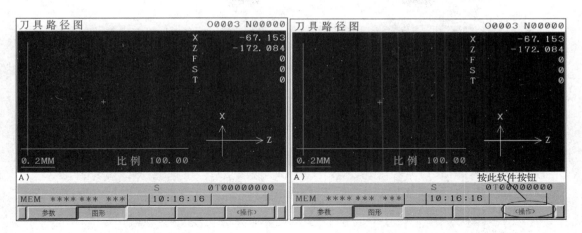

图 1-26　"刀具路径图"画面　　　　　图 1-27　按"（操作）"软件按钮

图 1-28　刀具路径相关参数设置画面

（9）光标移动键共有 4 个。

→：用于将光标向右或前进方向移动。

←：用于将光标向左或倒退方向移动。

↓：用于将光标向下或前进方向移动。

↑：用于将光标向上或倒退方向移动。

（10）翻页键共有 2 个。

↑（PAGE）：用于在屏幕上向前翻一页。

↓（PAGE）：用于在屏幕上向后翻一页。

（11）外部数据输入/输出接口。

FANUC 0*i*-TF 系统的外部数据输入/输出接口有 CF 卡插槽（见图 1-29）、U 盘插口（见图 1-30）和 RS232C 数据接口（9 孔 25 针传输线，见图 1-31）。

图 1-29　CF 卡插槽

图 1-30　U 盘插口

图 1-31　RS232C 数据接口

1.3.2　数控机床控制面板

本章介绍的 KDCL15 型数控车床如图 1-32 所示，其控制面板如图 1-33 所示。

图 1-32　KDCL15 型数控车床

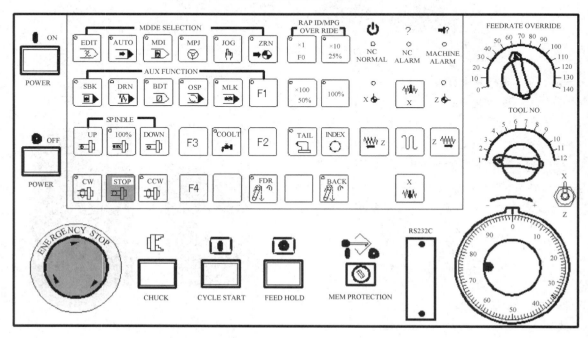

图 1-33　KDCL15 型数控车床的控制面板

提示

控制面板是各个数控机床生产厂家根据控制系统的功能自行设计并生产的。由于不同厂家各有各的设计风格，因此从外观上来看，不同厂家生产的机床虽然都安装的是FANUC 0i-TF控制系统，但控制面板的布局是不一样的，而所表达的功能却是相同的。因此我们不能被控制面板的外表迷惑，具体要理解各种功能的中文含义。

现对控制面板上各个键介绍如下。

1．方式选择键

[EDIT]：用于直接通过控制面板将工件加工程序手动输入存储器中；可以对存储器内的程序进行修改、插入和删除等。

[AUTO]：进入自动加工模式，机床运行存储器中的程序，自动加工工件。

[MDI]：手动数据输入，直接将程序段输入存储器内，并立即运行。

[MPJ]：通常称为手摇轮或手轮。转动手轮来移动X轴或Z轴，每次只能移动一个坐标轴，并可以选择×1（0.001mm）、×10（0.01mm）和×100（0.1mm）3种移动速度。手轮顺时针为坐标轴的正方向，手轮逆时针为坐标轴的负方向。

[JOG]：手动（或点动）方式。点动键有4个（+X、-X、+Z、-Z），按键被压下时滑板移动，抬起时滑板停止移动。

[ZRN]：返回参考点，使X轴、Z轴返回机床参考点，对应的参考点指示灯亮。

2．数控程序运行控制键

单程序段[SBK]：按此键（左上角指示灯亮），在自动加工模式下运行一个程序段后自动暂停；再次按此键（左上角指示灯灭），程序连续执行。

机床锁定[MLK]：按此键（左上角指示灯亮），机床的X、Y、Z三个移动轴被锁定而不能移动；再次按此键（左上角指示灯灭），锁定被解除。

空运行[DRN]：按此键（左上角指示灯亮），程序中的F代码无效，各坐标轴以系统内设定的"G00"速度移动；再次按此键（左上角指示灯灭），F代码有效。

程序跳段[BDT]：按此键（左上角指示灯亮），程序开头有"/"符号的程序段被跳过不运行；再次按此键（左上角指示灯灭），"/"符号无效。

手轮X轴选择、手轮Z轴选择（手轮移动轴选择开关）⊚：开关调向"X"时，转动手轮，X轴移动；开关调向"Z"时，转动手轮，Z轴移动；开关调至中间时，两轴均无效。

3．机床主轴手动控制键

手动开机床主轴正转[CW]：在[JOG]或[MPJ]方式下按此键（左上角指示灯亮），主轴按最近的记忆转速正转。

手动关机床主轴[STOP]：在[JOG]或[MPJ]方式下按此键，主轴停止。

手动开机床主轴反转[CCW]：在[JOG]或[MPJ]方式下按此键（左上角指示灯亮），主轴按最近的记忆转速反转。

手动主轴转速修调（加速）[UP]：按此键，主轴按一定的倍率加速旋转。

手动主轴转速修调（减速）[DOWN]：按此键，主轴按一定的倍率减速旋转。

手动主轴转速修调（设定）[100%]：按此键（左上角指示灯亮），主轴按程序中设定的转速旋转。

4．辅助指令说明键

冷却液[COOLT]：按此键（左上角指示灯亮），以手动方式启动冷却系统。

刀具交换[INDEX]：按此键，手动换刀。

5．程序运行控制开关

循环启动[CYCLE START]：在[AUTO]方式下按此键，程序自动执行。

循环停止[FEED HOLD]：在程序自动执行的过程中，按此键，程序暂停（进给量 F 被锁定），需要继续执行时再按一次循环启动键即可。

6．系统电源控制开关

系统电源启动[ON POWER]与系统电源停止[OFF POWER]。

7．手动移动机床台面键

选择要移动的坐标轴，如图 1-34 所示，按箭头正方向或负方向移动键可以移动机床台面。[ɯ]表示快速进给，倍率有 100%、50%、25% 和 0，共 4 挡，如图 1-35 所示。

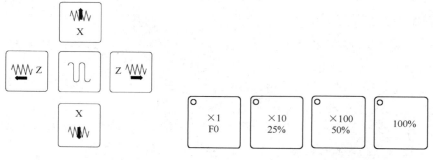

图 1-34　坐标移动键　　　　　图 1-35　快速进给倍率

8．手动返回参考点（机床采用绝对值式测量系统时除外）

当机床采用增量式测量系统（编码器）时，一旦机床断电，其上的数控系统就失去了对参考点坐标的记忆，故当再次接通数控系统的电源时，操作者必须首先进行返回参考点的操作。另外，若机床在操作过程中遇到急停信号或超程报警信号，则待故障排除后，在恢复机床工作时，最好也进行返回参考点的操作。操作步骤如下。

（1）按返回参考点键[ZRN]。

（2）选择合适的快速进给倍率。

（3）按住与返回参考点相应的进给轴和方向选择键（返回参考点时必须先返回 X 轴，再返回 Z 轴，否则刀架可能与尾座发生碰撞），直至机床返回参考点。当机床返回参考点后，返回参考点完成指示灯点亮。

9．手动连续（JOG）进给

在 [JOG] 方式下，按机床控制面板上的进给轴和方向选择键，机床沿选定轴的选定方向移动。手动连续进给速度可用进给速度倍率调节旋钮（见图 1-36）来调节（手动操作通常一次移动一个轴）。此时，如果再加按快速进给键 [⋔]，则机床会快速移动，而这时进给速度倍率调节旋钮将无效，只能用快速进给倍率键来调节。

图 1-36　进给速度倍率调节旋钮

10．手轮移动

在手轮移动方式下，可由控制面板上的手轮（手摇脉冲发生器）连续旋转来控制机床坐标轴实现连续不断的移动，当手轮旋转一个刻度时，机床坐标轴移动相应的距离，手轮坐标轴移动的速度由手轮进给倍率确定，如图 1-37 所示。操作步骤如下。

（1）按 [MPJ] 键。

（2）在控制面板上选择手轮移动轴选择开关，拨到想要让机床移动的轴那侧。

（3）选择手轮上的手轮进给倍率（根据移动速度的需要合理选择手轮进给倍率），转动手轮，如图 1-38 所示。此时，该坐标轴将按照选定的脉冲量移动。在图 1-38 中，"+"表示向各坐标轴的正方向移动，"−"表示向各坐标轴的负方向移动。

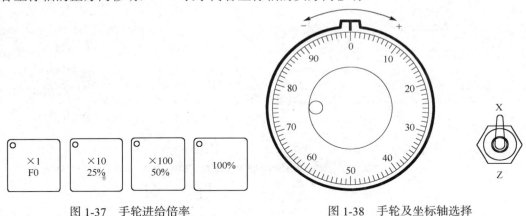

图 1-37　手轮进给倍率　　　　　　图 1-38　手轮及坐标轴选择

11．程序的输入、编辑和存储

1）新程序名的建立

向 NC 的程序存储器中加入一个新程序名的操作称为新程序名的建立，操作步骤如下。

（1）按方式选择键 [EDIT]。

（2）将程序保护钥匙开关置"解除"位 [🔓]。

（3）按 [PROG] 键并将屏幕显示切换到"程序（字）"画面，如图 1-39 所示。

（4）输入要新建的程序名，如 O0111（该程序名不能与系统内已有的程序重名），此时输入的内容会出现在屏幕下方，该位置称为输入缓冲区，如图 1-40 所示。

（5）按 键，程序名被输入系统，如图 1-41 所示。

（6）按 键，输入程序段结束符，如图 1-42 所示；按 键，将程序段结束符插入程序名后（此时显示为"O0001；"），新程序名建立完成，如图 1-43 所示。

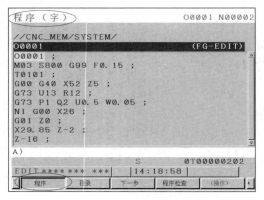

图 1-39　"程序（字）"画面

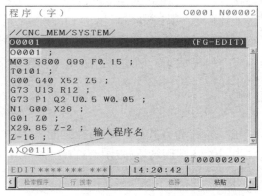

图 1-40　输入要新建的程序名

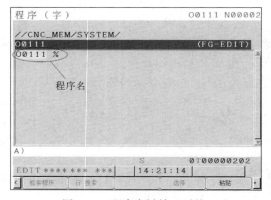

图 1-41　程序名被输入系统

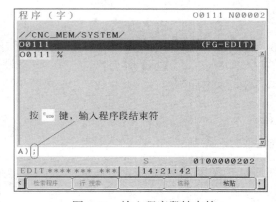

图 1-42　输入程序段结束符

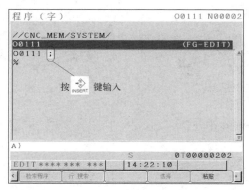

图 1-43　新程序名建立完成

提示

在建立新程序名时，如果直接输入"O0111；"，如图 1-44 所示，则会出现"格式错误"报警字样，如图 1-45 所示。

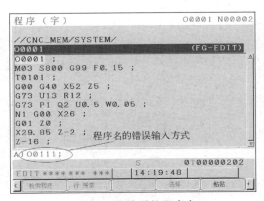

图 1-44 错误的程序名　　　　　　　图 1-45 报警显示画面

2）程序内容的输入

（1）按上述方式建立一个新程序名。

（2）在输入程序内容时，一段程序指令输入完成后，可直接输入程序段结束符，如图 1-46 所示，按 INSERT 键将整段程序内容输入系统，如图 1-47 所示。

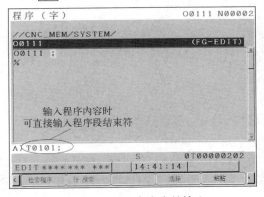

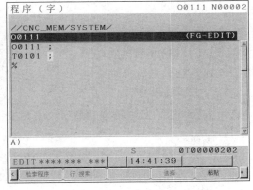

图 1-46 程序内容的输入　　　　　　图 1-47 将整段程序内容输入系统

🗒 提示 1

在输入程序内容时，不仅可以一整段一整段地输入，还可以多段一起输入（只要输入缓冲区足够大），如图 1-48 所示。输入完成后按 INSERT 键，程序会自动按段排列，如图 1-49 所示。

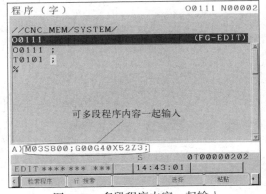

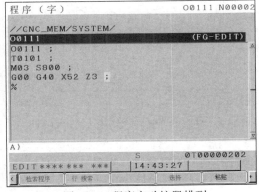

图 1-48 多段程序内容一起输入　　　　图 1-49 程序自动按段排列

提示 2

在输入程序内容的过程中，当输入缓冲区中的字符出现错误（见图 1-50）时，使用 ![CAN] 键将输入缓冲区内的字符由右向左一个一个地删除，如图 1-51 所示。

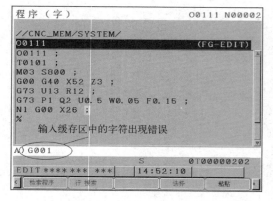

图 1-50　输入缓冲区中的字符出现错误

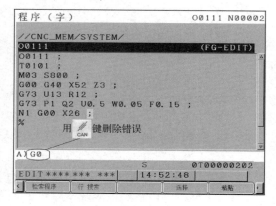

图 1-51　错误字符的删除

3）检索并调出程序

检索并调出程序有两种方法。

第一种方法的操作步骤如下。

（1）按方式选择键 ![EDIT]。

（2）按 ![PROG] 键，将屏幕显示切换到"程序目录"画面，如图 1-52 所示。

（3）在输入缓冲区中输入要调出程序的程序名（如 O0001），如图 1-52 所示。

（4）按向上或向下光标移动键（一般用向下光标移动键）。

（5）检索完毕，被检索程序会出现在屏幕上（见图 1-53）。如果没有找到指定的程序，则会出现报警信息。

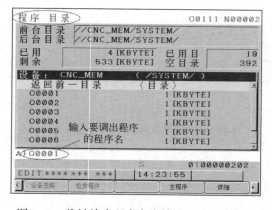

图 1-52　将被检索程序名在输入缓冲区中输入

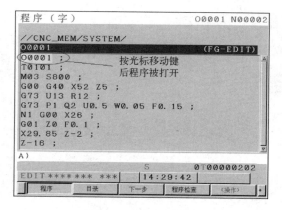

图 1-53　被检索程序

第二种方法的操作步骤如下。

（1）按方式选择键 ![EDIT]。

（2）按 键，将屏幕显示切换到"程序目录"画面。

（3）在输入缓冲区中输入要调出程序的程序名，如 O0001。

（4）按"检索程序"软件按钮（见图 1-54），程序被调出。

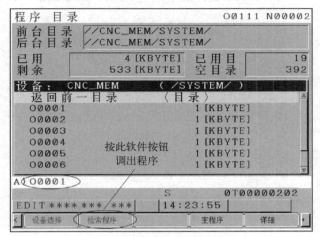

图 1-54　按"检索程序"软件按钮

4）插入一段程序或字符

用于输入或编辑程序的操作步骤如下。

（1）按方式选择键。

（2）按键。

（3）调出需要编辑或输入的程序。

（4）使用翻页键和光标移动键将光标移至插入位置的前一个字符处，如在 G00 后面插入指令 G42，如图 1-55 所示。

（5）在输入缓冲区中输入需要插入的内容（G42），如图 1-56 所示。

（6）按键，输入缓冲区中的内容被插入光标所在的字符后面，如图 1-57 所示。

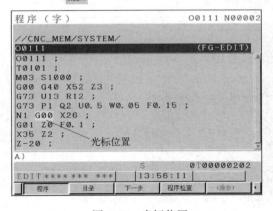

图 1-55　光标位置

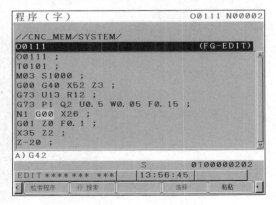

图 1-56　在输入缓冲区中输入需要插入的内容

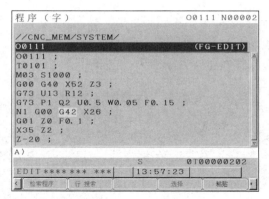

图 1-57　字符的插入

5）修改一个字符

（1）调出需要编辑或输入的程序。

（2）使用翻页键和光标移动键将光标移至需要修改的字符处，如将 S800 修改成 S1000，如图 1-58 所示。

（3）在输入缓冲区中输入替换内容，可以是一个字符，也可以是几个字符，甚至可以是几个程序段（只要输入缓冲区容纳得下），如图 1-59 所示。

（4）按　键，光标所在位置的字符将被输入缓冲区中的内容替换，如图 1-60 所示。

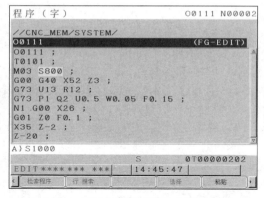

图 1-58　将光标移至需要修改的字符处　　　　图 1-59　在输入缓冲区中输入替换内容

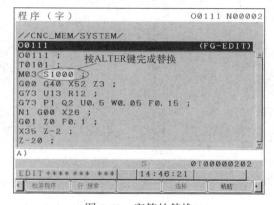

图 1-60　字符的替换

6）删除一个字符

（1）按方式选择键 ^{EDIT}。

（2）按 PROG 键。

（3）调出需要编辑的程序。

（4）使用翻页键和光标移动键将光标移至需要删除的字符处，如图 1-61 所示。

（5）按 DELETE 键，此时光标所在位置的字符被删除，如图 1-62 所示。

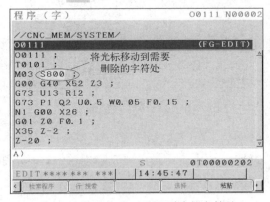
图 1-61　将光标移至需要删除的字符处

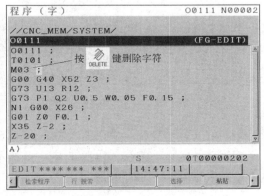
图 1-62　字符的删除

提示

在不输入任何内容而直接按 DELETE 键的情况下，将删除光标所在位置前的字符。如果被输入的字符在程序中不止一个，则被删除的内容到距离光标最近的一个字符为止。如果输入的是一个顺序号，则从当前光标所在位置开始到指定顺序号的程序段都将被删除。

7）删除整个程序

删除整个程序有两种方法。

第一种方法的操作步骤如下。

（1）按方式选择键 ^{EDIT}。

（2）按 PROG 键，切换至如图 1-63 所示的"程序目录"画面，删除目录中的程序 O0005。

（3）按屏幕右下角的"（操作）"软件按钮，如图 1-64 所示。

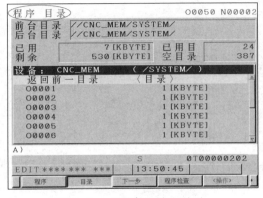
图 1-63　"程序目录"画面

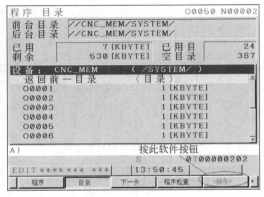
图 1-64　按"（操作）"软件按钮

（4）按屏幕右下角的"+"扩展按钮，如图 1-65 所示。

（5）此时屏幕下方的画面如图 1-66 所示。

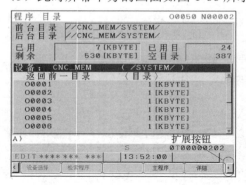

图 1-65　扩展按钮操作

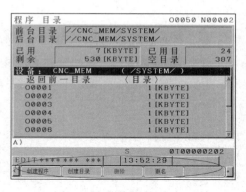

图 1-66　扩展后的画面

（6）将光标移至需要删除程序的程序名 O0005 处，如图 1-67 所示。

（7）按"删除"软件按钮，如图 1-68 所示。此时，屏幕显示是否要删除程序的提示"删除程序？"，如图 1-69 所示。

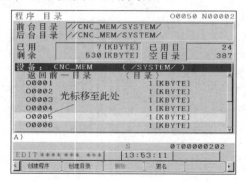

图 1-67　移动光标

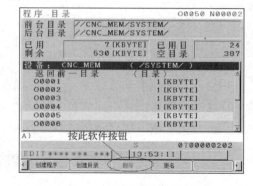

图 1-68　按"删除"软件按钮

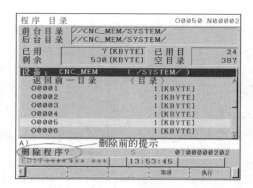

图 1-69　删除前的提示画面

（8）按"执行"软件按钮，如图 1-70 所示，指定的程序名将从程序目录中被删除，如图 1-71 所示。

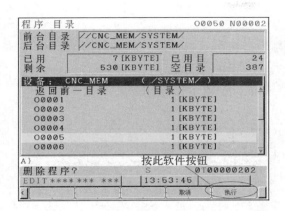

图 1-70　按"执行"软件按钮

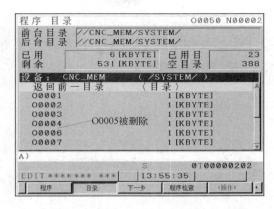

图 1-71　删除后的"程序目录"画面

第二种方法的操作步骤如下。

（1）按方式选择键 EDIT。

（2）按 PROG 键，切换至如图 1-72 所示的"程序（字）"画面。

（3）在输入缓冲区中输入需要删除程序的程序名 O0005，如图 1-73 所示。

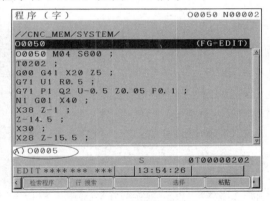

图 1-72　"程序（字）"画面　　　　　　图 1-73　程序名的输入

（4）按 DELETE 键，此时屏幕显示是否要删除程序的提示"删除程序？"，如图 1-74 所示。

（5）按屏幕右下角的"执行"软件按钮，如图 1-75 所示，指定的程序名将从程序目录中被删除。

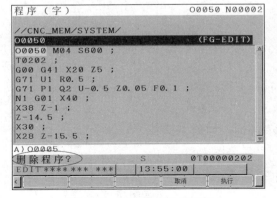

图 1-74　删除前的提示画面

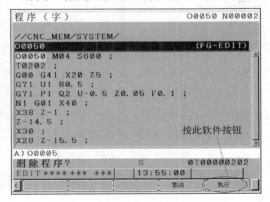

图 1-75　按"执行"软件按钮

8）删除全部程序

删除系统内存中的所有程序的操作步骤如下。

（1）按方式选择键 [EDIT]。

（2）按 [PROG] 键，将屏幕切换至"程序（字）"画面，如图 1-76 所示。

（3）在输入缓冲区中输入 O-9999，如图 1-77 所示。

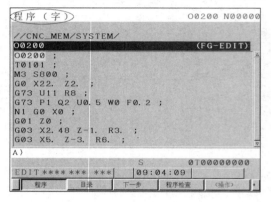

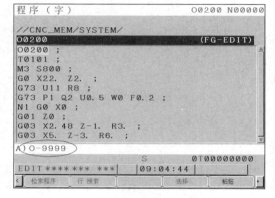

图 1-76　"程序（字）"画面　　　　　　图 1-77　在输入缓冲区中输入 O-9999

（4）按 [DELETE] 键，此时屏幕显示"全删除"的提示，如图 1-78 所示。

（5）按屏幕右下角的"执行"软件按钮，系统内存中的所有程序都会被删除，如图 1-79 所示。

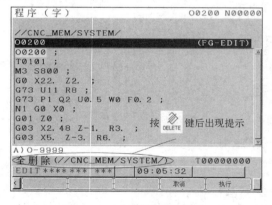

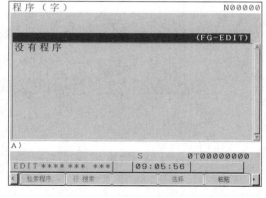

图 1-78　"全删除"提示　　　　　　　图 1-79　所有程序被删除后的画面

9）搜索一个字符

可以搜索"M""F""G01""N××"等字符，操作步骤如下。

（1）按方式选择键 [EDIT]。

（2）按 [PROG] 键，将屏幕切换到"程序（字）"画面，如图 1-80 所示。

（3）输入需要搜索的字符（如搜索字符"F"），如图 1-81 所示。

（4）按屏幕右下角的"+"扩展按钮，如图 1-82 所示。此时，屏幕下方的软件功能如图 1-83 所示。

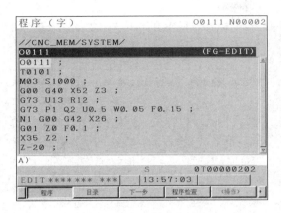

图1-80　"程序（字）"画面

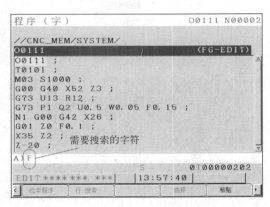

图1-81　输入需要搜索的字符

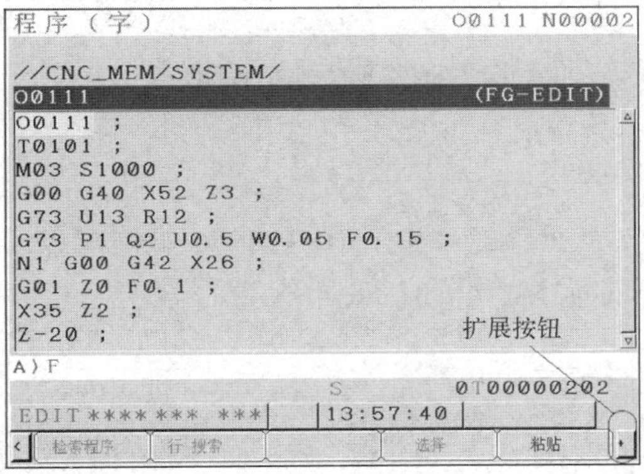

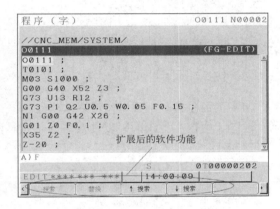

图1-82　扩展按钮使用画面

图1-83　扩展后的软件功能

（6）按"搜索"或"↓搜索"软件按钮进行搜索，在遇到第一个与搜索内容完全相同的字符后停止搜索并使光标停在该字符处，如图1-84所示。

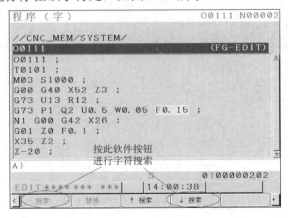

图1-84　搜索结果画面

12．自动加工

自动加工的操作步骤如下。

（1）按 EDIT 键，选择并打开要加工运行的程序，将光标移至程序开始位置，如图 1-85 所示。

（2）按 AUTO 键，结果如图 1-86 所示。

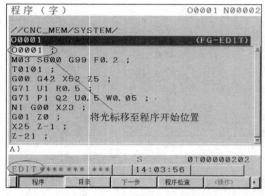

图 1-85　加工前的准备工作画面

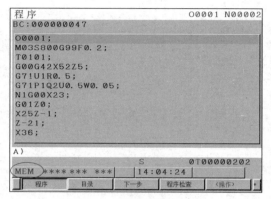

图 1-86　进入自动加工模式

（3）按控制面板上的 CYCLE START 键，程序即开始运行。

（4）在程序自动运行时，可以按"程序检查"软件按钮，如图 1-87 所示。此时可以切换至"程序（检查）"画面，以便观察刀具及程序的行程，如图 1-88 所示。

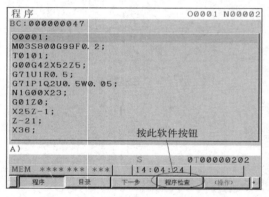

图 1-87　"程序检查"软件按钮

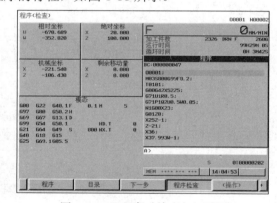

图 1-88　"程序（检查）"画面

提示

在按 CYCLE START 键前，所有的准备工作（包括对刀及数值的输入等）必须已经完成。

13．在 MDI 方式下执行可编程指令

在 MDI 方式下，可以通过控制面板直接输入并运行单个（或几个）程序段，被输入并运行的程序段不会被存入程序存储器中。

例如，若要在 MDI 方式下输入并运行程序段"M03 S600;"，则具体的操作步骤如下。

（1）按 MDI 键。

（2）按 PROG 键，屏幕显示"程序"画面，如图 1-89 所示。

（3）在输入缓冲区中输入"M03S600；"，如图 1-90 所示。

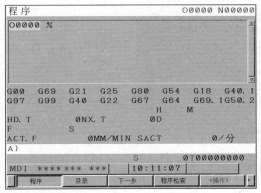

图 1-89　"程序"画面

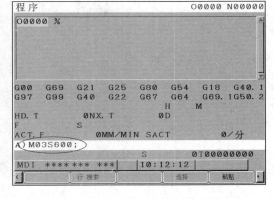

图 1-90　在输入缓冲区中输入相应的字符

（4）按 INSERT 键，将输入缓冲区中的字符输入系统，如图 1-91 所示。

（5）直接按控制面板上的 CYCLE START 键，该指令被执行，如图 1-92 所示。

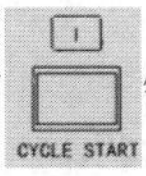

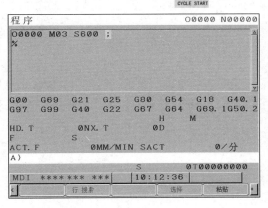

图 1-91　将输入缓冲区中的字符输入系统

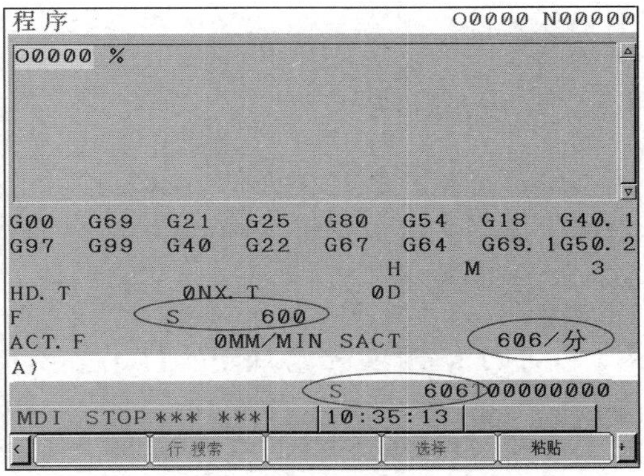

图 1-92　指令执行后的画面

14．关机

（1）清理机床。

（2）将 X 轴、Z 轴移至适当的位置。

（3）按  （紧急停止）键。

（4）按控制面板上的系统电源关闭键，关闭系统电源。

（5）关闭机床总电源。

1.4　数控车床对刀

数控车床常用的对刀方法有 3 种：试切对刀、机械对刀仪对刀（接触式，见图 1-93）、光学对刀仪对刀（非接触式）。本节以试切对刀为例进行讲解。

图 1-93　机械对刀仪对刀

在数控车削加工中，应首先确定工件的加工原点，以建立准确的加工坐标系，同时考虑刀具的不同尺寸对加工的影响。这些都需要通过对刀来解决。

对刀是数控车削加工中比较复杂的工艺准备工作之一。对刀的精度将直接影响加工程序的编写及工件的尺寸精度。通过对刀或刀具预调还可同时测定各号刀的刀位偏差，有利于设定刀具补偿量。

1.4.1　刀位点的建立

刀位点是指在加工程序中表示刀具特征的点，也是对刀和加工的基准点。对刀的目的是确定程序原点在机床坐标系中的位置，对刀点可以设在工件、夹具或机床上，对刀时应使对刀点与刀位点重合。

1.4.2　对刀点和换刀点的位置确定

1．对刀点的位置确定

用以确定工件坐标系与机床坐标系之间的关系，并与对刀基准点相重合的位置称为对刀点。在编写加工程序时，程序原点通常设定在对刀点上。在一般情况下，对刀点既是加工程序运行的起点，又是加工程序运行完成的终点。

对刀点的选择一般遵循下面的原则。

（1）尽量使加工程序的编写工作简单、方便。

（2）便于用常规量具在车床上进行测量，便于工件装夹。

（3）该点的对刀误差较小或可能引起的加工误差最小。

（4）尽量使加工程序中的引入（或返回）路线短，并便于换（转）刀。

（5）应选择与车床约定机械间隙状态（消除或保持最大间隙方向）相适应的位置，避免在执行自动补偿操作时造成"反向补偿"。

2．换刀点的位置确定

换刀点是指在编写数控车床多刀加工程序时，相对于车床固定原点而设置的一个自动换刀的位置。换刀点可设定在程序原点、车床固定原点或浮动原点上，其具体位置应根据工序内容而定。为了防止换刀时碰撞被加工工件、夹具或尾座而发生事故，除特殊情况外，换刀点几乎都设置在被加工工件的外面，并留有一定的安全区。

3．试切对刀（以外径车刀为例）

对刀的目的就是建立工件坐标系（加工原点），找出机床坐标系（机床原点）与工件坐标系之间的距离，并将该距离值存储到系统的刀具偏置存储器中。

X 向对刀的操作步骤如下。

（1）在安全位置将所要对刀的刀具换至加工位（刀具号假设为 T01）。

（2）按方式选择键 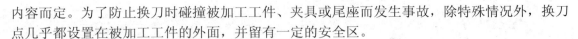。

（3）启动主轴，使主轴旋转。

（4）用手轮将刀具移到工件附近，并将手轮进给倍率调到低速挡，刀具试车削工件外圆一刀，如图 1-94 所示。外径车削完成后将刀具沿 Z 轴退出，按 POS 键，让屏幕显示"综合位置"画面。此时，机械坐标中的 X 值为如图 1-95 所示的-111.400（使刀具沿 Z 轴移动而远离工件，但不可沿 X 轴移动）。

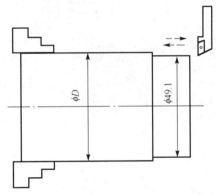

图 1-94　试切外圆（单位：mm）[1]

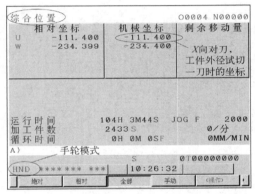

图 1-95　X 轴机械坐标值显示

提示

Z 向的切入深度可由操作者任意自定，一般以能方便测量为准。

（5）主轴停止。

（6）按 SET 键，进入刀具偏置值显示画面，如图 1-96 所示，用光标移动键将光标移至 T01号刀具所对应的对刀偏置值输入处（一般为了方便记忆，最好也选择在此处输入对刀数值，即图中的 G001 位置）。

（7）用量具测量刚刚车削出来的工件外径尺寸。例如，测量值为 $\phi 49.1$，在对应的 X 向对刀数值输入处输入 "X49.10"，如图 1-97 所示。按 "测量" 软件按钮，如图 1-98 所示，其 X向对刀结果如图 1-99 所示。此时，该刀具的 X 向工件坐标系建立完成，其坐标值为-160.500（由-111.400 - 49.1 = -160.500 计算而来）。

---

[1] 本书中的此类工件图，如果没有特殊说明，单位均为 mm。

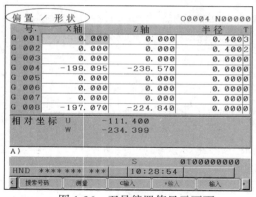

图 1-96　刀具偏置值显示画面

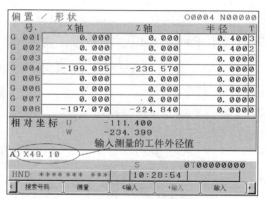

图 1-97　工件外径值的输入

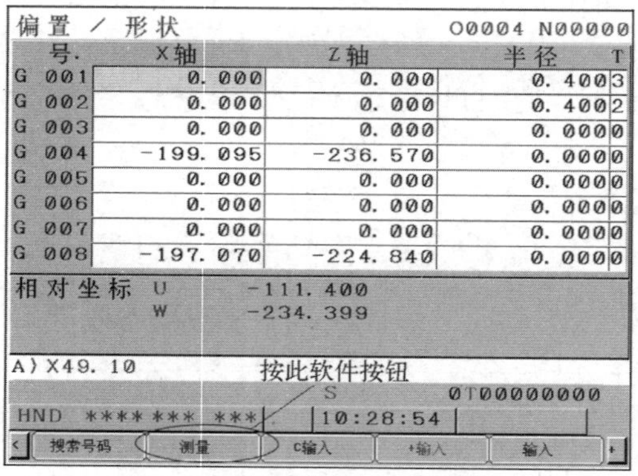

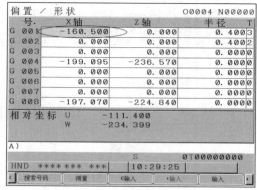

图 1-98　按"测量"软件按钮

图 1-99　X 向对刀结果

Z 向对刀的操作步骤如下。

（1）启动主轴，使主轴旋转。

（2）用外径刀将工件端面（基准面）车削出来，如图 1-100 所示。

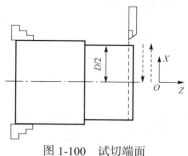

图 1-100　试切端面

（3）车削端面后，刀具可以沿 X 轴移动远离工件，但不可沿 Z 轴移动。按  键使屏幕显示"综合位置"画面。此时，机械坐标中的"Z"值显示为如图 1-101 所示的 –242.700。

（4）主轴停止。

（5）按 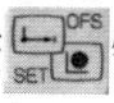 键进入刀具偏置值显示画面。

（6）在相应的 Z 向对刀数值输入处输入"Z0"（见图 1-102），按"测量"软件按钮，如图 1-103 所示。此时，该刀的 Z 向工件坐标系建立，其坐标数值 –242.700 即机械坐标中"Z"的数值，如图 1-104 所示。（该计算结果是由 –242.700±0 = –242.700 计算而来的。）

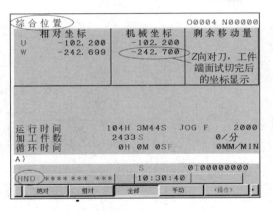

图 1-101 Z 轴机械坐标值显示

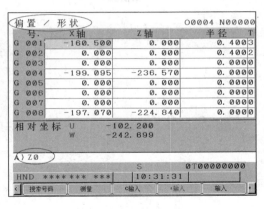

图 1-102 Z 向对刀数值的输入

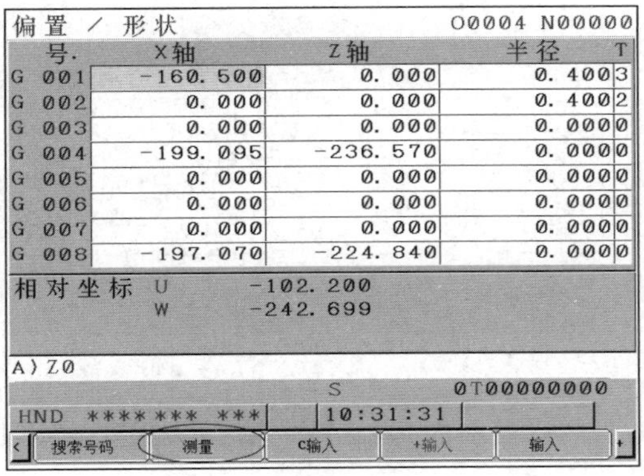

图 1-103 按"测量"软件按钮

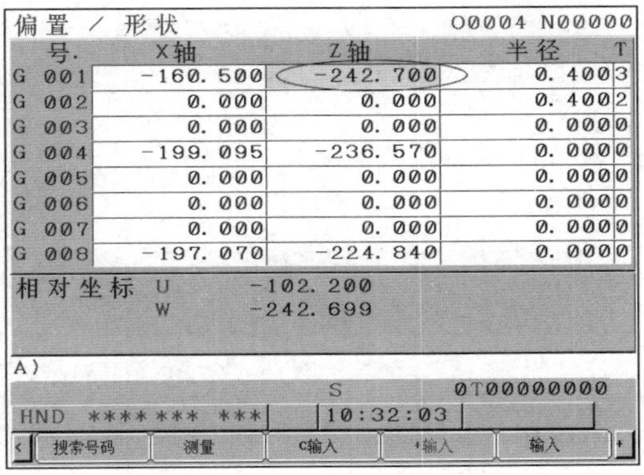

图 1-104 Z 向对刀结果

4. 试切对刀（其余刀具）

当加工一个工件需要两把及以上刀具时，其他刀具的对刀原理和方法与第一把刀相同。需要注意的是，当 X 轴方向有足够的余量时，X 向对刀可再次车削外径；但在 Z 轴方向上，为了保证基准面的统一，其余刀具在 Z 向对刀时，只能轻碰第一把刀在对刀时已做好的基准面。

5. 刀偏数值的修改

对完刀后，在试切加工时，如果发现加工尺寸不符合加工要求，则需要对对刀数值进行修改，方法如下。

可根据工件实测尺寸进行刀偏量的修改。例如，当测得工件外圆尺寸比要求尺寸小 0.02mm 时，可在刀偏量修改状态（按 键显示画面中的"磨损"软件按钮进入）下（见图 1-105），在对应的偏置补偿号内将该刀具的 X 向刀偏量改大 0.02mm（输入"0.02"），按 键或"输入"软件按钮，如图 1-106、图 1-107 所示。另外，还可直接将数值输入"偏置/形状"画面对应的"X"数值中，即在原先已对刀数值的基础上输入"0.02"后按"+输入"软件按钮，如图 1-108 所示。此时，屏幕下方出现修改后的数值提示，如图 1-109 所示，按屏幕右下角的"执行"软件按钮，最终修改的对刀数值被输入对应位置，如图 1-110 所示。

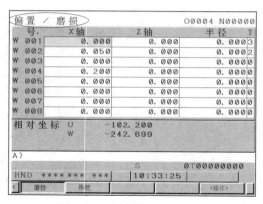

图 1-105　刀具磨损显示画面

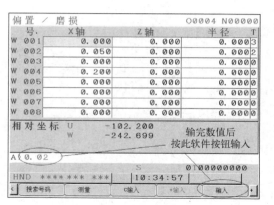

图 1-106　刀偏值的输入

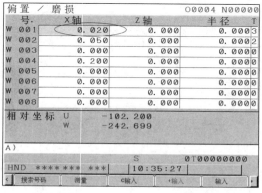

图 1-107　输入完成的画面

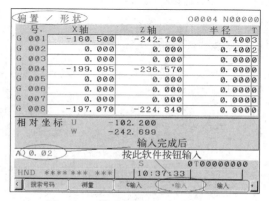

图 1-108　按"+输入"软件按钮

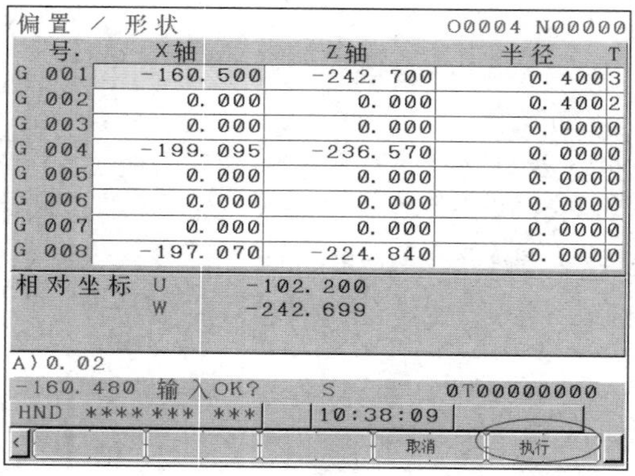

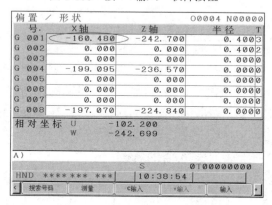

图 1-109　X 向改变后的数值

图 1-110　最终输入完成的画面

1.5　数控车床编程

1.5.1　准备功能

　　准备功能即 G 功能，G 代码指令习惯上称为数控机床的准备功能，它是数控机床编程中内容最多、用途最广的编程指令。G00～G99 这 100 个 G 代码几乎都有不同的含义，特别是随着数控系统功能的进一步完善，在一些先进的数控系统中，已经开始采用 3 位 G 代码指令。

1. 模态代码、非模态代码

跟在地址 G 后的数字决定了该程序段指令的意义。G 代码分为以下两类。

（1）非模态 G 代码：G 代码只在指令它的程序段中有效。

（2）模态 G 代码：在指令同组其他 G 代码前，该 G 代码一直有效。

根据程序段的基本要求，为了保证动作的正确执行，每个程序段都必须具备以下六要素。

（1）移动的目标是哪里。

（2）沿什么样的轨迹移动。

（3）移动速度要多快。

（4）刀具的切削速度是多少。

（5）选择哪把刀移动。

（6）机床还需要哪些辅助动作。

在实际编程中，必将出现大量的重复指令，使程序十分复杂和冗长。为了避免出现以上情况，在数控系统中规定了一些代码指令，它们在某一程序段中指令之后可以一直保持有效状态，直至被撤销。这些指令称为模态代码或模态指令。而仅在编入的程序段中生效的代码指令称为非模态代码或非模态指令。

2. 代码分组、开机默认代码

利用模态代码可以大大简化加工程序，但是，它的连续有效性使得其撤销必须由相应的指令进行，代码分组的主要作用就是撤销模态代码。代码分组是指将系统不能同时执行的代码指令归为一组，并以编号区别。而且，要使同一组的代码有相互取代的作用，由此来达到撤销模态代码的目的。

此外，为了避免程序中出现指令代码遗漏问题，像计算机一样，数控系统中也对每一组代码指令都取其中的一个作为开机默认代码，此代码在开机或系统复位时可以自动生效。

提示

（1）除 G10 和 G11 外，00 组的 G 代码都是非模态 G 代码。

（2）不同组的 G 代码能够在同一程序段中指定。如果同一程序段中指定了同组 G 代码，则最后指定的 G 代码有效。但不同组的多个代码可以组合，并在同一程序段中编程。

（3）在程序中允许不再编写开机默认的模态代码。

（4）如果在固定循环中指定了 01 组的 G 代码，就像指定了 G80 指令一样取消固定循环。指令固定循环的 G 代码不影响 01 组的 G 代码。FANUC 0i-TF 数控车床 G 代码及功能如表 1-2 所示。

表 1-2　FANUC 0i-TF 数控车床 G 代码及功能

G 代码	组	功能
G00*		定位（快速）
G01	01	直线插补（切削进给）
G02		顺时针圆弧插补
G03		逆时针圆弧插补

续表

G 代码	组	功能
G04	00	暂停
G07.1 (G107)		圆柱插补
G10		可编程数据输入方式
G11		可编程数据输入方式取消
G12.1 (G112)	21	极坐标插补方式
G13.1* (G113)		极坐标插补方式取消
G18*	16	Z_p-X_p 平面选择
G20	06	英寸输入
G21		毫米输入
G22*	09	存储行程检测功能有效
G23		存储行程检测功能无效
G27	00	返回参考点检测
G28		返回参考点
G30		返回第 2、3、4 参考点
G31		跳转功能
G32	01	螺纹切削
G34		可变导程螺纹切削
G36		圆弧螺纹切削（逆时针旋转）
G40*	07	刀尖半径补偿取消
G41		刀尖半径补偿左
G42		刀尖半径补偿右
G50	00	坐标系设定或最大主轴转速钳制
G50.3		工件坐标系预设
G52		局部坐标系设定
G53		机床坐标系选择
G54*	14	选择工件坐标系 1
G55		选择工件坐标系 2
G56		选择工件坐标系 3
G57		选择工件坐标系 4
G58		选择工件坐标系 5
G59		选择工件坐标系 6
G65	00	宏程序调用
G66	12	宏程序模态调用
G67*		宏程序模态调用取消
G70	00	精加工循环
G71		粗车循环

续表

G 代码	组	功能
G72		平端面粗车循环
G73		仿形粗车复合循环
G74	00	端面深孔钻削
G75		外径/内径钻孔
G76		螺纹切削复循环
G80*		固定钻循环取消
G83		平面钻孔循环
G84		平面攻丝循环
G85	10	正面镗循环
G87		侧钻循环
G88		侧攻丝循环
G89		侧镗循环
G90		外径/内径切削循环
G92	01	螺纹切削循环
G94		端面车循环
G96	02	恒表面速度控制
G97*		恒表面速度控制取消
G98	05	每分钟进给
G99*		每转进给

注：带*者表示开机时会初始化的代码。

1.5.2　辅助功能

在数控机床上，把控制机床辅助动作的功能称为辅助功能，也称 M 功能。辅助功能是由地址 M 加后缀数字组成的，常用的是 M00～M99，共 100 个 M 代码指令，其中部分代码为数控机床规定的通用代码，在所有数控机床上都具有相同的意义。数控车床常用的 M 代码及功能如表 1-3 所示，其余 M 代码指令的意义由数控机床生产厂家定义，故使用时必须参照数控机床生产厂家提供的使用说明书。

表 1-3　数控车床常用的 M 代码及功能

序号	M 代码	功能
1	M00	程序暂停
2	M01	程序选择暂停
3	M02	程序结束标记
4	M03	主轴正转
5	M04	主轴反转
6	M05	主轴停止
7	M07	内冷却开
8	M08	外冷却开
9	M09	冷却关
10	M30	程序结束，系统复位
11	M98	子程序调用
12	M99	子程序结束标记

1. M00

当执行有 M00 指令的程序段后，不执行下一个程序段，相当于执行了"进给保持"操作。当按控制面板上的 ⬜CYCLE START 键后，程序继续执行。

M00 指令可应用于自动加工过程中停车进行某些手动操作，如变速、换刀、关键尺寸的抽样检查等。

2. M01

M01 指令的作用与 M00 相似，但它必须在预先按下控制面板上的"选择停止"键的情况下执行。只有这样，当执行有 M01 指令的程序段后，才会停止执行程序。如果不按下"选择停止"键，则 M01 指令无效，程序继续执行。

3. M02

M02 指令用于加工程序全部结束。执行该指令后，机床便停止自动运转，切削液关，机床复位。

4. M03

对于立式铣床，正转设定为由 Z 轴正方向向 Z 轴负方向看过去的方向。执行 M03 指令后，主轴沿顺时针方向旋转。

5. M04

执行 M04 指令后，主轴沿逆时针方向旋转。

6. M05

执行 M05 指令后，主轴停止。

7. M30

M30 指令的作用是在执行完程序段的所有指令后，使主轴、进给都停止，切削液关，机床和控制系统复位，光标回到程序开始的字符位置。

📇 提示

（1）M 功能的控制取决于数控机床生产厂家的 PLC 程序设计，通常都是模态指令。

（2）像 G 代码指令一样，M 代码也必须进行分组，如 M03、M04、M05，M00、M01、M07、M08、M09 分别属于同一组的 M 代码；而且，M 代码，也有开机默认代码。但对于其余 M 代码的分组与开机默认代码，应参见数控机床生产厂家提供的使用说明书。

（3）虽然 M 代码也像 G 代码一样进行了分组，但在一个程序段中，最好只编入一个 M 代码指令，以防止机床动作发生冲突。

（4）当同一程序段中既有 M 代码指令又有其他指令时，可以先执行 M 代码指令，再执行其他指令；也可以先执行其他指令，再执行 M 代码指令（取决于机床参数与系统设置）。因此，为了保证加工程序能按要求以正确的次序执行，对于程序段结束标记 M02、M30 和子程序调用指令 M98 等，应用单独的程序段进行编程。

（5）在一个程序段中只能有一个 M 代码指令，如果有两个或两个以上的 M 代码指令，则只有最后一个 M 代码指令有效，其余 M 代码指令均无效。

1.5.3　刀具功能

在数控机床上，把选择刀具的功能称为刀具功能，也称 T 功能。刀具功能由地址 T 及其后缀数字组成。

刀具功能的指定方法有 T（2 位数法），如 T××；T（4 位数法），如 T××××。通常 T（2 位数法）仅用于指定刀号，T（4 位数法）可以同时指定刀号和选择刀补。目前，绝大多数数控车床经常使用 T（4 位数法）。

注：数控车床刀具功能在使用 T（4 位数法）时直接指令刀号与刀补，这时 T 代码的前两位用于指定刀号，后两位用于选择刀具补偿存储器。例如，T0104 指令指定的是 1 号刀具，而该刀具选择的是 4 号补偿存储器的值，如图 1-111 所示。

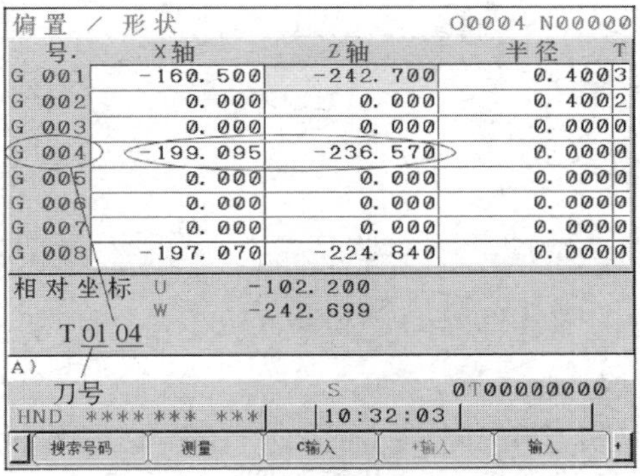

图 1-111　刀具补偿存储器

1.5.4　进给功能

为切削工件，刀具以指定速度移动称为进给，指定进给速度的功能称为进给功能。

进给功能又称 F 功能，用字母 F 及其后面的若干数字来表示。数控车床的进给功能有以下 3 种形式。

1. 每转进给量（mm/r）

若系统处于 G99 状态，则认为 F 所指定的进给速度的单位为 mm/r，如图 1-112 所示。G99 的指令格式为：

（G99）　F__；（F 为主轴每转刀具进给量）

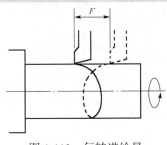

图 1-112　每转进给量

F 指令范围为 0.0001～500，如 F0.2 表示进给速度为 0.2mm/r。

提示

要取消 G99 状态，必须重新指定 G98，系统默认是 G99 状态。

2. 每分钟进给量 G98（mm/min）

系统在执行了一条含有 G98 的程序段后，在遇到 F 指令时便认为 F 所指定的进给速度的单位为 mm/min，如图 1-113 所示。

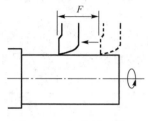

图 1-113　每分钟进给量

G98 的代码格式为：

　（G98）F＿；（F 为每分钟刀具进给量）

F 指令范围为 1～15000，如 F200 表示 200mm/min。

提示

G98 被执行一次后，系统将保持 G98 状态，即使断电也不受影响，直至系统执行了含有 G99 的程序段，G98 状态便被取消，而 G99 将发生作用。

3. 等距螺纹切削进给速度

等距螺纹切削进给如图 1-114 所示。

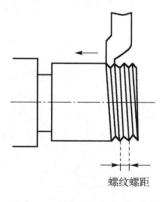

螺纹螺距

图 1-114　等距螺纹切削进给

指定等距螺纹切削进给速度的指令格式为：

$$\left.\begin{array}{l}\text{（G32）}\\\text{（G76）}\\\text{（G92）}\end{array}\right\} \times\times\ \times\times\ F\_\_;\quad\text{（F 为指定螺纹的螺距）}$$

F 指令范围为 0.0001～500（这里对应的单位为 mm/r）。

1.5.5　主轴功能

主轴功能（S 状态）用于设定主轴转速。

1．主轴最高转速的设定

主轴最高转速的设定的指令格式为：

G50 S__;　（S 为主轴最高转速）

例如，G50 S3000 表示主轴最高转速为 3000r/min 。

提示

（1）该指令可防止因主轴转速过高、离心力太大而产生危险及影响机床寿命。

（2）当用恒线速度（G96）控制加工端面、锥度和圆弧时，由于 X 坐标值不断变化，因此当刀具逐渐移近工件旋转中心时，主轴转速会越来越高，工件有可能从卡盘飞出。为了防止事故的发生，有时必须限制主轴最高转速，这时可使用该指令来达到目的。

2．设定主轴线速度恒定指令

主轴速度用线速度设定，单位为 m/min。G96 是执行恒线速度控制的指令。系统执行 G96 指令后，便认为用 S 指令指定的数值表示切削线速度。G96 的指令格式为：

G96 S__;

例如，G96 S100 表示主轴切削线速度是 100m/min。

提示

在恒线速度控制中，数控系统以刀尖所处的 X 坐标值为工件的直径来计算主轴转速，因此在使用 G96 指令前必须正确设定主轴最高转速。

1.6　常用准备功能的使用

1.6.1　数控车床编程的主要特点

（1）在数控车床编程中，刀具移动量的指定方法有绝对式编程和增量式编程两种，绝对尺寸和增量尺寸的选择采用变地址格式，其中，地址 X、Z 代表绝对值，而地址 U、W 则代表增量值。在这种格式下，一个程序段中通常允许绝对、增量格式混用。例如，指令 G00 X100 W45，代表 X 轴为绝对坐标值 100，Z 轴为增量坐标值 45。

（2）在数控车床上，X 轴通常采用直径编程方式，以减少编程中的计算工作量，使程序更直观。直径编程对绝对尺寸和增量尺寸同时有效。

（3）为了适应加工的需要，对于常见的车削加工动作循环，可以采用数控系统本身具备的固定循环功能，以简化编程。

（4）为了提高车削表面的加工精度，在数控车床上一般可以采用恒线速度控制功能（G96）。当恒线速度控制生效时，S 代码代表的是主轴线速度，而主轴转速则能根据工件的半径自动改变，以保证线速度不变。

（5）为了减小程序编写中的计算工作量，使程序中的切削参数尽可能直观，在数控车床上，通常使用主轴每转进给量（G99）指令对进给速度进行编程。

（6）数控车床的刀具位置偏置、刀尖半径补偿指令形式、刀具补偿值的输入方式不同于数控镗铣床、加工中心。数据车床是利用 T 代码在选择刀号的同时直接选择刀具补偿存储器的。另外，刀具位置偏置一经指定，刀具偏置即自动生效，无须其他指令。

1.6.2　G 代码介绍

1．G00 快速点定位

 格式

> G00 X（U）＿ Z（W）＿ ;

这个指令把刀具从当前位置移至指令指定的位置（在绝对坐标方式下），或者移至某个距离处（在增量坐标方式下）。

提示

（1）G00 指令指定刀具相对于工件以各轴预先设定的速度从当前位置快速移至程序段指令的定位目标点。

（2）G00 指令中的快移速度由机床参数快移进给速度对各轴分别进行设定，不能用 F 规定。

（3）G00 一般用于加工前快速定位或加工后快速退刀。快移速度可通过控制面板上的快速进给倍率键 0%、25%、50%、100% 来修正。

（4）在执行 G00 指令时，由于各轴以各自的速度移动，不能保证各轴同时到达终点，因此联动直线轴的合成轨迹不一定是直线。因此必须格外小心，以免刀具与工件发生碰撞。

（5）G00 为模态功能，可由 G01、G02、G03 或 G32 功能注销。

2．G01 直线插补

在数控机床的运动控制中，工作台（刀具）的运动轨迹是具有极小台阶的折线（数据点密化），如图 1-115 所示。用数控车床加工直线和曲线 AB，刀具先沿 Z 轴移动一步或几步（一个或几个脉冲当量 Δz），再沿 X 轴移动一步或几步（一个或几个脉冲当量 Δx），直至到达目标点，从而合成所需的运动轨迹（直线或曲线）。数控系统根据给定的直线、圆弧（曲线）函数，在理想轨迹上的已知点之间进行数据点密化，以确定一些中间点的方法称为插补。

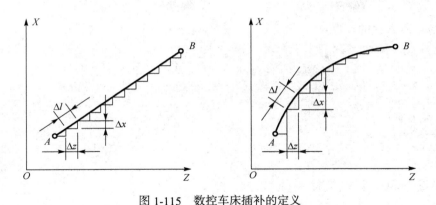

图 1-115　数控车床插补的定义

直线插补以直线方式和指令给定的移动速度从当前位置移至指令指定的终点位置。

 格式

G01 X（U）__ Z（W）__ F__；

 说明

X、Z：要求移至位置的绝对坐标。

U、W：要求移至位置的增量坐标。

 提示

（1）F：合成进给速度，G01 指令指定刀具以联动方式按 F 规定的合成进给速度从当前位置按线性路线（联动直线轴的合成轨迹为直线）移至程序段指定的终点位置。

（2）F 中指定的进给速度一直有效，除非指定新值，因此不必对每个程序段都指定 F。

（3）G01 也是模态代码，可由 G00、G02、G03 或 G32 功能注销。

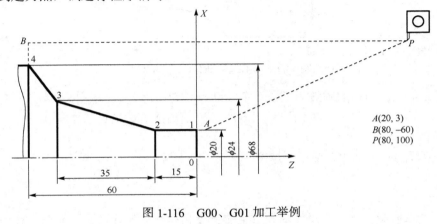

示例

G00、G01 加工举例：如图 1-116 所示，精加工工件外圆，走刀速度由 F 规定，为 0.1mm/r，并快速回到起刀点，试进行程序编写。

图 1-116　G00、G01 加工举例

采用绝对值方式的程序：

```
    …
    G00 X20 Z3；          （由起点 P 快速进刀至加工起始点，即起刀点 A）
    G01 Z-15 F0.1；       （直线插补，进给速度为 0.1mm/r）
    X42 Z-50；            （同上）
    X68 Z-60；            （同上）
    G00 X80；             （快速退刀至 B 点）
    Z100；                （快速退刀至 P 点）
    …
```

3. G02、G03 圆弧插补

 格式

G02/G03 X（U）__Z（W）__I_K_F_；

或

G02/G03 X（U）__Z（W）__R_F__；

 说明

X、Z：当以绝对值方式编程时，指圆弧终点在工件坐标系中的坐标。

U、W：当以增量值方式编程时，指圆弧终点相对于圆弧起点的位移量。

I、K：圆心相对于圆弧起点的增加量（等于圆心的坐标减去圆弧起点的坐标。如图 1-117 所示，I 为 $x-x_1$，K 为 $z-z_1$；无论是用绝对值方式还是用增量值方式编程，它们都是以增量值方式指定的；在编程时，无论是采用直径方式还是采用半径方式，I 都表示半径值。

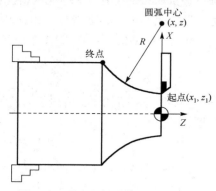

图 1-117　圆弧编程时 I、K 的计算

R：圆弧半径。当切削圆弧小于或等于 180°，即当 R 的加工范围是(0°，180°]时，R 为正值（+）；当切削圆弧大于 180°且小于 360°（数车不用），即当 R 的加工范围是(180°，360°)时，R 为负值（-）。

F：被编程的两个轴的合成进给速度。

 提示

（1）判断顺时针或逆时针的方法是迎着垂直于圆弧所在平面的坐标轴的正方向向负方向

看，顺时针为 G02、逆时针为 G03，如图 1-118 所示。

（2）当同时编入 R 与 I、K 时，R 有效。

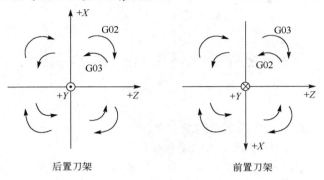

图 1-118　G02、G03 的判断

示例

如图 1-119 所示，精加工工件圆弧部分，走刀速度为 0.15mm/r，试编写程序。

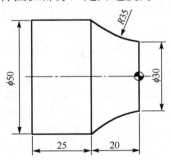

图 1-119　G02、G03 加工举例

绝对值方式下的程序：

    G02 X50 Z−20 I35 K0 F0 15;

或

    G02 X50 Z−20 R35 F0 15;

增量值方式下的程序：

    G02 U15 W−20 I35 K0 F0 15;

或

    G02 U15 W−20 R35 F0 15;

4．G01 自动倒角、倒圆角编程

直线插补指令 G01 在数控车床编程中还有一种特殊用途：倒角和倒圆角。倒角控制功能可以在两相邻轨迹之间插入直线倒角或圆弧倒角。

1）倒角

（1）45°（直角处）倒角，由轴向切削向端面切削倒角，即由 Z 轴向 X 轴倒角。

 格式

> G01 Z（W）＿＿ I（C）＿±i F＿；

 说明

Z：夹倒角的两条直线延长线交点的绝对坐标。

W：夹倒角的两条直线延长线交点的增量坐标。

$±i$：其正/负取决于倒角是向 X 轴正方向还是负方向进行，如图 1-120（a）所示。

（2）由端面切削向轴向切削倒角，即由 X 轴向 Z 轴倒角。

 格式

> G01 X（U）＿＿ K（C）＿±k ；

 说明

X：夹倒角的两条直线延长线交点的绝对坐标。

U：夹倒角的两条直线延长线交点的增量坐标。

$±k$：其正/负取决于倒角是向 Z 轴正方向还是负方向进行，如图 1-120（b）所示。

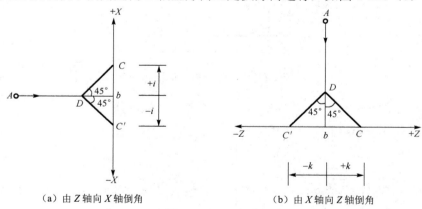

（a）由 Z 轴向 X 轴倒角　　　　　　　（b）由 X 轴向 Z 轴倒角

图 1-120　45°倒角

 示例

如图 1-121 所示，进行 45°倒角。两个倒角处的进刀方向判断如图 1-122 中的虚线圆圈处所示。

程序：

> G01 Z-20 I4 F0.2；
>
> X50 K-2；
>
> Z-30；

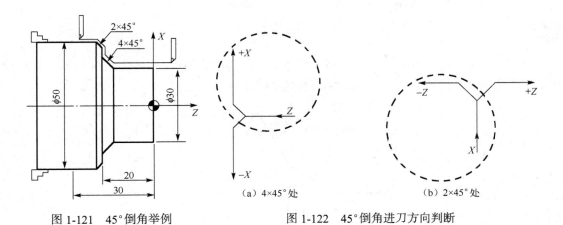

图 1-121　45°倒角举例　　　　　　图 1-122　45°倒角进刀方向判断

（3）任意角度倒角（包含 45°倒角）。

 格式

> G01 X（U）__ Z（W）__ ,C__ F__;

说明

X、Z：夹倒角的两条直线延长线交点的绝对坐标。

U、W：夹倒角的两条直线延长线交点的增量坐标。

C：从假想交叉点到倒角起点和倒角终点的距离。

示例 1

如图 1-123 所示，进行任意角度（45°）的倒角。

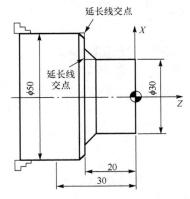

图 1-123　任意角度（45°）倒角举例

程序：

```
G01 Z-20 ,C4 F0.2;
X50 ,C2;
Z-30;
```

47

示例2

如图 1-124 所示，由直线 N_2 向直线 N_1 进行任意角度的倒角。由图 1-124 可知，起点处的 X 坐标为 110（55×2），交点处的 X 坐标为 24（12×2）。

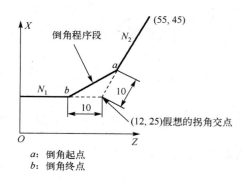

图 1-124 任意角度倒角举例

程序：

```
G00 X110 Z45;
G01 X24 Z25 ,C10 F0.2;
Z0;
```

2）倒圆角

（1）45°（直角处）倒圆角，由轴向切削向端面切削倒圆角，即由 Z 轴向 X 轴倒圆角。

 格式

```
G01 Z（W）__ ,R__ F__;
```

 说明

Z：夹倒圆角的两条直线延长线交点的绝对坐标。

W：夹倒圆角的两条直线延长线交点的增量坐标。

R：圆角半径。圆弧倒角情况如图 1-125（a）所示。

（2）由端面切削向轴向切削倒圆角，即由 X 轴向 Z 轴倒圆角。

 格式

```
G01 X（U）__ ,R__;
```

 说明

X：夹倒圆角的两条直线延长线交点的绝对坐标。

U：夹倒圆角的两条直线延长线交点的增量坐标。

R：圆角半径。圆弧倒角情况如图 1-125（b）所示。

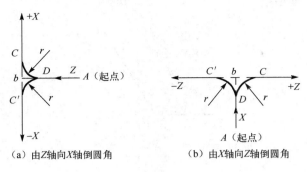

（a）由Z轴向X轴倒圆角　　　　（b）由X轴向Z轴倒圆角

图 1-125　倒圆角

示例

如图 1-126 所示，进行 45° 倒圆角。两个倒圆角处的进刀方向判断如图 1-127 中的虚线圆圈处所示。

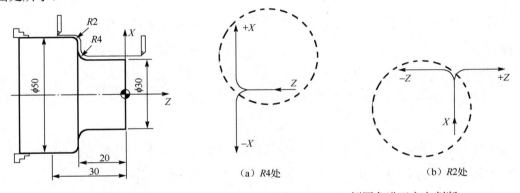

图 1-126　45°倒圆角举例

（a）R4处　　　　（b）R2处

图 1-127　45°倒圆角进刀方向判断

程序：

```
G01 Z−20 ,R4 F0.2;
X50 ,R2;
Z−30;
```

（3）任意角度倒圆角（包含 45° 倒圆角）。

格式

```
G01 X（U）__ Z（W）__ ,R__ F__;
```

示例

如图 1-128 所示，由直线 N_2 向直线 N_1 进行任意角度倒圆角。
程序：

```
G00 X110 Z40;
G01 X20 Z25 ,R10 F0.2;
Z0;
```

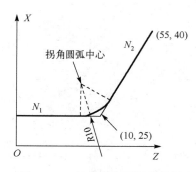

图 1-128　任意角度倒圆角举例

 提示

在倒角、倒圆角时，",C" 和 ",R" 中的逗号 "," 需不需要由机床参数来设定。

5．G04 暂停

暂停指令用于推迟下一个程序段的执行，推迟时间为指令指定的时间。

 格式

> G04 X__ （单位：s）；
> G04 U__ （单位：s）；

或

> G04 P__ （单位：ms）；

G04 指令范围为 0.001～99999.999（s）。

 示例

> G04 X1；（暂停 1s）
> G04 P1000；（暂停 1s）

G04 指令可用于切槽、台阶端面等需要刀具在加工表面有短暂停留的场合。

6．G32、G92 螺纹切削

数控车床在螺纹切削加工方面可以加工圆柱面螺纹、圆锥面螺纹、端面螺纹，如图 1-129（a）～（c）所示，特别重要的是，加工特殊螺距的螺纹、变螺距的螺纹，如图 1-129（d）所示，这是数控车床的独特之处。螺纹加工编程指令可分为以下几种。

（1）单段车削螺纹加工指令（G32）：加工螺纹实现的是一刀切削，在加工螺纹时，进刀、退刀需要用 G00 或 G01 指令进行控制，必须由操作者编程给定。

（2）单一循环车削螺纹指令（G92）：可实现螺纹加工的切入、切削、退刀、返回一系列动作，无须 G00、G01 指令来控制加工时的进刀、退刀，切削完毕后刀具自动回到螺纹加工的起刀点。

（3）复合循环车削螺纹指令（G76）：本节后面介绍。

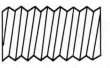

（a）圆柱面螺纹　　　　　　　　（b）圆锥面螺纹　　　　　　　　　（c）端面螺纹

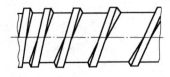

（d）变螺距的螺纹

图 1-129　数控车床可加工的螺纹

格式（圆柱面）

```
G32 X__Z__F__；
G92 X__Z__F__；（循环指令）
```

说明

X、Z：终点坐标。

F：Z 轴方向的螺纹导程。

格式（圆锥面）

```
G32 X__Z__F__；
G92 X__Z__R__F__；
```

说明

X、Z：终点坐标。

F：Z 轴方向的螺纹导程。

R：圆锥面起点与终点的半径差（锥度）。它的数值符号与刀具轨迹之间的关系，即锥度的计算与判别如图 1-130 所示。

1）主轴转速

主轴转速不应过高，尤其在加工大导程的螺纹时，过高的主轴转速会使进给速度太快而引起机床不正常。一些资料推荐的主轴转速为

主轴转速（r/min）≤1200 /导程

但在具体操作时，还应结合工件材料、刀具及机床结构来设置主轴转速。

2）进刀方式

在数控车床上加工螺纹的进刀方式通常有直进式进刀和斜进式进刀两种，如图 1-131 所示。直进式进刀一般用于螺距或导程小于或等于 3mm 的螺纹加工；斜进式进刀是指对刀具进行单侧刃加工，减轻负载，一般用于螺距或导程大于或等于 3mm 的螺纹加工。螺纹的加工遵循后一刀的背吃刀量不能超过前一刀的背吃刀量的原则，其分配方式有常量式（每次进刀的背吃刀量相同，如图 1-132 所示）和递减式（每次进刀的背吃刀量由大变小，如图 1-133 所示）。

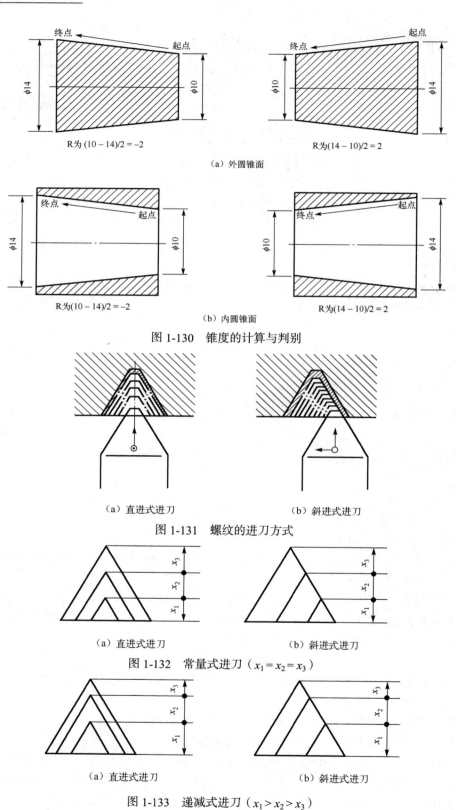

（a）外圆锥面

图 1-130　锥度的计算与判别

（a）直进式进刀　　　　　　　（b）斜进式进刀

图 1-131　螺纹的进刀方式

（a）直进式进刀　　　　　　　（b）斜进式进刀

图 1-132　常量式进刀（$x_1 = x_2 = x_3$）

（a）直进式进刀　　　　　　　（b）斜进式进刀

图 1-133　递减式进刀（$x_1 > x_2 > x_3$）

3）螺纹牙型高度

在车削螺纹时，车刀的背吃刀量即牙型高度，即螺纹牙型上顶与牙底之间的垂直距离，如图 1-134 所示。普通螺纹的理论牙型高度设为 H。但在实际加工时，由于螺纹车刀刀尖半径的影响，螺纹的实际牙型高度（h）有变化。国家标准规定，螺纹车刀可在牙底最小削平高度 $H/8$ 处削平或倒圆。螺纹的实际牙型高度可按下式计算：

$$h = H - 2(H/8) = 0.6495P$$

式中，H——普通螺纹的理论牙型高度，$H=0.866P$（mm）；

P——螺纹的螺距（mm）。

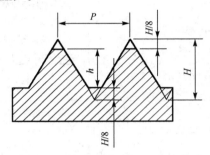

图 1-134　普通三角螺纹的牙型高度

提示

（1）螺纹加工时，数控系统一般都将主轴编码器的零点作为螺纹加工起点，因此，为了保证螺纹的加工长度，在编程时应将螺纹的加工行程适当加长，并将起点选择在适当离开工件的位置，即要有一定的切入段 Z_1 和切出段 Z_2，如图 1-135 所示。通常 Z_1、Z_2 按下式来计算：

$$Z_1 \geqslant 2P_n$$

$$Z_2 \geqslant 0.5P_n$$

式中，P_n——螺纹导程（mm）。

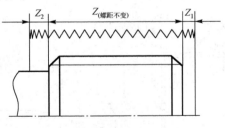

图 1-135　螺纹的切入和切出

（2）一般来说，螺纹切削需要多次加工才能完成，每次的切入量应按照一定的比例逐次递减，并使最终切深与螺纹的牙型高度一致。在这种情况下，需要多次执行螺纹加工指令。编程时必须注意的是，除 X 向尺寸外，螺纹的 Z 向加工起点、加工轨迹都不能改变，主轴转速必须保持一致。

（3）螺纹切削时，进给速度取决于主轴转速与螺纹导程，在 G01（G02、G03）中编程的模态 F 值在螺纹加工时暂时无效。同时，在进行螺纹加工时，数控系统的进给停止信号不能使机床的运动立即停止。

（4）为了保证螺纹导程正确，在进行螺纹加工时，控制面板上的主轴倍率、快速进给倍率键都无效，它们都将被固定在100%挡上。同样，线速度恒定控制功能对螺纹加工也无效。

（5）螺纹车削过程中的常见问题及解决方法如表1-4所示。

表1-4 螺纹车削过程中的常见问题及解决方法

问题	可能的原因	解决的方法
振动	工件装夹不正确； 刀具安装不正确； 切削参数不正确； 刀具中心高不正确	选择较软的夹头； 减小刀具悬伸量； 检查刀具是否压紧； 提高线速度，如果不行，则大大降低线速度； 采用正确的刀具中心高
刃边压力过大	加工硬化倾向的材料时的切深太浅、切削刃压力过大、螺纹的牙型角太小	减少进刀次数、选用更硬的牌号、选用侧向进刀方式
螺纹表面质量差	切削速度过低； 刀片在中心线以上； 切削控制较差	提高切削速度； 采用正确的刀具中心高； 选用侧向进刀方式
螺纹牙型过平	错误的刀具中心高； 刀片损坏； 刀片没有加工至螺纹顶	采用正确的刀具中心高； 更换切削刃； 检查刀片及工件毛坯尺寸

 示例

（1）圆柱面螺纹加工。

在如图1-136所示的普通圆柱面上进行三角螺纹加工时，若工件坐标系选择图中位置，则其螺纹加工程序如下（采用直径编程）。M32×1.5螺纹的牙型高度查表为0.974mm（半径），程序中分4次切入，切入量（半径）分别为0.4mm、0.3mm、0.2mm、0.08mm（这是参考值，具体加工时需要修正）。

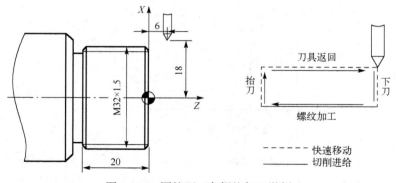

图1-136 圆柱面三角螺纹加工举例

用G32指令编程：

O0001；	（程序名）
T0101；	（转换刀具，同时系统设置工件坐标系）

S400 M03;	（主轴转速、转向）
G00 X36 Z6;	（刀具运动到螺纹加工起点）
X31.2;	（第 1 次下刀，X 向切入 0.8mm）
G32 Z–22 F1.5;	（第 1 次螺纹切削加工）
G00 X36;	（X 向退刀）
Z6;	（Z 向退刀至螺纹加工起点）
X30.6;	（第 2 次下刀，X 向再切入 0.6mm）
G32 Z–22 F1.5;	（第 2 次螺纹切削加工）
G00 X36;	（X 向退刀）
Z6;	（Z 向退刀至螺纹加工起点）
X30.2;	（第 3 次下刀，X 向再切入 0.4mm）
G32 Z–22 F1.5;	（第 3 次螺纹切削加工）
G00 X36;	（X 向退刀）
Z6;	（Z 向退刀至螺纹加工起点）
X30.04;	（第 4 次下刀，X 向再切入 0.16mm）
G32 Z–22 F1.5;	（第 4 次螺纹切削加工）
G00 X36;	（X 向退刀）
Z6;	（Z 向退刀至螺纹加工起点）
X50 Z80;	（刀具远离）
M30;	（程序结束）

用 G92 指令编程：

O0001;	（程序名）
T0101;	（转换刀具，同时系统设置工件坐标系）
S400 M03;	（主轴转速、转向）
G00 X36 Z6;	（刀具移至螺纹加工起始点）
G92 X31.2 Z–22 F1.5;	（X 向切入 0.8mm，第 1 次螺纹加工，刀具自动返回起点）
X30.6;	（X 向再切入 0.6mm，第 2 次螺纹加工，刀具自动返回起点）
X30.2;	（X 向再切入 0.4mm，第 3 次螺纹加工，刀具自动返回起点）
X30.04;	（X 向再切入 0.16mm，第 4 螺纹次加工，刀具自动返回起点）
G00 X50 Z80;	（刀具远离）
M30;	（程序结束）

螺纹尺寸代号及进刀量计算如表 1-5 所示。

（2）圆锥面螺纹加工。

在如图 1-137 所示的普通圆锥面上进行三角螺纹加工，螺纹螺距为 1.5mm，加工起点坐标 A(26.5,6)，终点坐标 B(32.5,–21.5)，当工件坐标系选择图中位置时，其螺纹加工程序如下（采用直径编程）。

表 1-5　螺纹尺寸代号及进刀量计算

米制螺纹							
螺距/mm	1.0	1.5	2	2.5	3	3.5	4
牙型高度（半径量）/mm	0.649	0.974	1.299	1.624	1.949	2.273	2.598
切削次数及吃刀量（直径量）/mm 1 次	0.7	0.8	0.9	1.0	1.2	1.5	1.5
2 次	0.4	0.6	0.6	0.7	0.7	0.7	0.8
3 次	0.2	0.4	0.6	0.6	0.6	0.6	0.6
4 次	—	0.16	0.4	0.4	0.4	0.6	0.6
5 次	—	—	0.1	0.4	0.4	0.4	0.4
6 次	—	—	—	0.15	0.4	0.4	0.4
7 次	—	—	—	—	0.2	0.2	0.4
8 次	—	—	—	—	—	0.15	0.3
9 次	—	—	—	—	—	—	0.2
英制螺纹							
牙/in	24	18	16	14	12	10	8
牙型高度（半径量）/mm	0.678	0.904	1.106	1.162	1.355	1.626	2.033
切削次数及吃刀量（直径量）/mm 1 次	0.8	0.8	0.8	0.8	0.9	1.0	1.2
2 次	0.4	0.6	0.6	0.6	0.6	0.7	0.7
3 次	0.16	0.3	0.5	0.5	0.6	0.6	0.6
4 次	—	0.11	0.14	0.3	0.4	0.4	0.5
5 次	—	—	—	0.13	0.21	0.4	0.5
6 次	—	—	—	—	—	0.16	0.4
7 次	—	—	—	—	—	—	0.17

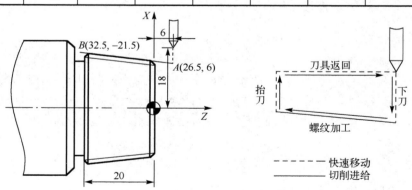

图 1-137　圆锥面三角螺纹加工举例

1.5mm 螺纹的牙型高度查表为 0.974mm（半径），程序中分 4 次切入，切入量（半径）分别为 0.4mm、0.3mm、0.2mm、0.08mm；$R=(26.5-32.5)/2=-3$。

用 G32 指令编程：

O0011;	（程序名）
T0101;	（转换刀具，同时系统设置工件坐标系）
S400 M03;	（主轴转速、转向）
G00 X36 Z6;	（刀具运动到螺纹加工起始点）
X25.7;	（第 1 次下刀，X 向切入 0.8mm）
G32 X31.7 Z−21.5 F1.5;	（第 1 次锥螺纹切削加工）
G00 X36;	（X 向退刀）
Z6;	（Z 向刀至螺纹加工起点）
X25.1;	（第 2 次下刀，X 向再切入 0.6mm）
G32 X31.1 Z−21.5 F1.5;	（第 2 次锥螺纹切削加工）
G00 X36;	（X 向退刀）
Z6;	（Z 向刀至螺纹加工起点）
X24.7;	（第 3 次下刀，X 向再切入 0.4mm）
G32 X30.7 Z−21.5 F1.5;	（第 3 次锥螺纹切削加工）
G00 X36;	（X 向退刀）
Z6;	（Z 向刀至螺纹加工起点）
X24.54;	（第 4 次下刀，X 向再切入 0.16mm）
G32 X30.54 Z−21.5 F1.5;	（第 4 次锥螺纹切削加工）
G00 X36;	（X 向退刀）
Z6;	（Z 向刀至螺纹加工起点）
X50 Z80;	（刀具远离）
M30;	（程序结束）

用 G92 指令编程：

O0012;	（程序名）
T0101;	（转换刀具，同时系统设置工件坐标系）
S400 M03;	（主轴转速、转向）
G00 X36 Z6;	（刀具移至螺纹加工起点）
G92 X31.7 Z−21.5 R−2 F1.5;	（X 向切入 0.8mm，第 1 次锥螺纹加工，刀具自动返回起点）
X31.1;	（X 向再切入 0.6mm，第 2 次锥螺纹加工，刀具自动返回起点）
X30.7;	（X 向再切入 0.4mm，第 3 次锥螺纹加工，刀具自动返回起点）
X30.54;	（X 向再切入 0.16mm，第 4 次锥螺纹加工，刀具自动返回起点）
G00 X50 Z80;	（刀具远离）
M30;	（程序结束）

7. G40/G41/G42 刀尖半径补偿取消/左补偿/右补偿

数控加工时，为了方便编程，通常都将车刀刀尖作为一个点来考虑，如图 1-138（a）所示，该点就是理想刀尖点。但实际切削时为了提高刀尖强度、降低加工表面粗糙度，刀尖处都磨有圆弧角，如图 1-138（b）所示。当用按理想刀尖点编写的程序进行端面、外径、内径等与轴线平行或垂直的表面加工时，是不会产生误差的；但在进行倒角、锥面及圆弧切削时，会出现欠切或过切现象，如图 1-139 所示。具有刀尖圆弧半径补偿功能的数控系统能根据刀尖圆弧半径计算出补偿量，避免欠切或过切现象出现，如图 1-140 所示。

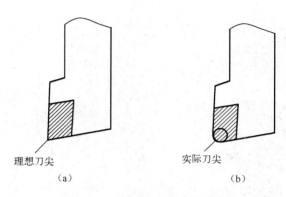

图 1-138　理想刀尖与实际刀尖

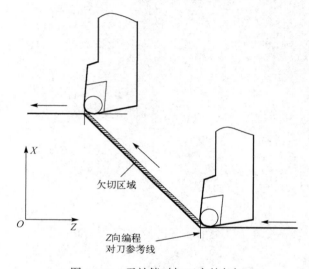

图 1-139　无补偿时加工中的欠切

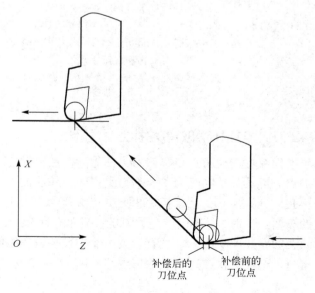

图 1-140　有补偿时的加工

刀尖圆弧半径补偿功能是通过 G41、G42 指令代码，结合刀具 T 代码指定的刀具补偿存储器号（见图 1-141 中的标注 1），并同时输入刀尖圆弧半径（见图 1-141 中的标注 2）和假想刀尖号（见图 1-141 中的标注 3）来共同建立的。使用 G40 指令可以取消此功能。

图 1-141　刀具补偿存储器号、刀尖圆弧半径和假想刀尖号

💡 格式

```
G00（或 G01）G41 X__ Z__；
G00（或 G01）G42 X__ Z__；
G00（或 G01）G40 X__ Z__；
```

📖 说明

G41：刀尖圆弧半径左补偿。判别方法：顺着刀具运动方向看，刀具在工件左侧进给，如图 1-142 所示。

G42：刀尖圆弧半径右补偿。判别方法：顺着刀具运动方向看，刀具在工件右侧进给，如图 1-142 所示。

G40：取消刀尖圆弧半径补偿功能。

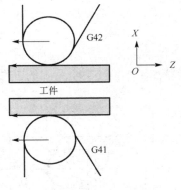

图 1-142　G41、G42 的判别

📝 提示

如果刀尖圆弧半径补偿值是负值，则工件方位改变，即 G41 方位变成 G42 方位，G42

方位变成 G41 方位。

假想刀尖号方位如图 1-143 所示。

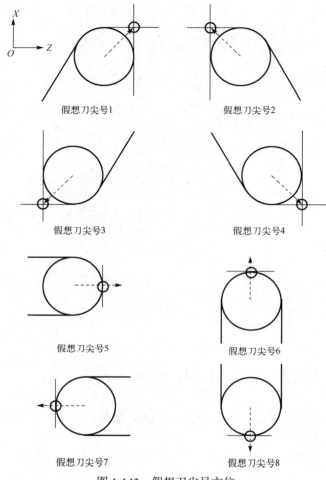

图 1-143　假想刀尖号方位

示例

应用刀尖圆弧半径补偿功能精加工如图 1-144 所示的工件。

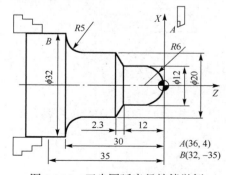

图 1-144　刀尖圆弧半径补偿举例

编程如下：

```
O0020；
T0101；                （转换刀具，同时系统设置工件坐标系）
M03 S1500；
G00 X36 Z4；            （刀具快速移至起点）
G42 X0；               （建立刀尖圆弧半径补偿）
G01 Z0 F0.1；
G03 X12 Z−6 R6；
G01 Z−12；
X20 W−2.3；
Z−25；
G02 X30 Z−30 R5；
G01 Z−35；
G40 G00 X36；          （取消刀尖圆弧半径补偿功能）
Z50；
M30；
```

提示

（1）G41 或 G42 必须与 G00 或 G01 指令一起使用，不允许与 G02 或 G03 等其他指令结合编程，且当切削完成后即用 G40 指令取消此功能。

（2）在调用新刀具前或要更改刀具补偿方向时，中间必须取消此功能。这样做是为了避免产生加工误差。

（3）当工件有锥度、圆弧等必须建立刀尖圆弧半径补偿才能加工的形状时，必须在刀具切入工件之前的程序段中将刀尖圆弧半径补偿指令建立好。

（4）必须在刀具补偿参数设定页面的刀尖半径处填入该刀具的刀尖半径值，此时系统会自动计算出应该移动的补偿量，作为补偿的依据。

（5）必须在刀具补偿参数设定页面的假想刀尖号处填入该刀具的假想刀尖号，以此作为补偿的方位依据。

（6）一旦指定了刀尖圆弧半径补偿 G41 或 G42 后，刀具路径必须是单向递增或单向递减的。例如，在使用了 G42 指令后，刀具路径是向 Z 轴负方向切削运动的，后面就不允许刀具有任何向 Z 轴正方向的移动，如果必须向 Z 轴正方向移动，那么在移动前必须用 G40 取消刀尖圆弧半径补偿功能。

（7）建立刀尖圆弧半径补偿后，Z 轴的切削移动量必须大于其刀尖半径值（如果刀尖半径为 0.4mm，则 Z 轴的切削移动量必须大于 0.4mm）；X 轴的切削移动量必须大于刀尖半径值的 2 倍（如果刀尖半径为 0.4mm，则 X 轴的切削移动量必须大于 0.8mm），这是因为 X 轴用直径值编程。

8．G70～G76 多重复合固定循环

固定循环实质上是指数控系统生产厂家针对数控机床的常见加工动作过程，按规定的动作次序，以子程序形式设计的固定指令集合。这些子程序可以通过一个 G 代码指令进行直接调用。用来调用固定循环的 G 代码指令称为固定循环指令。固定循环的基本动作由固定循环

指令来选择，每个不同的固定循环指令（G 代码指令）对应不同的加工动作循环。在数控车床上，常用的固定循环指令有 G70～G76、G90、G92、G94 等。

利用复合固定循环指令，只需对工件的轮廓进行定义即可完成从粗加工到精加工的全过程，因此，通过固定循环指令可以大大减少编程的工作量，简化程序，使程序更加简单、明了；而且加工时的空行程少，加工生产率也可以得到提高。

1）G71（内、外圆粗车复合固定循环）

内、外圆粗车复合固定循环主要是通过与 Z 轴平行的运动来实现，适用于毛坯为圆柱棒料，需要多次走刀才能完成的轴套类工件的内、外圆柱面粗加工。

格式

G71 U__（Δd）__ R__（e）；

G71 P__（ns）__ Q__（nf）__ U__（Δu）__ W__（Δw）__ F__（f）__ ；

N__（ns）__ …；

…

N__（nf）__ …；

说明

Δd：每次的切削深度（半径值）。切削方向取决于 $A'A$ 方向。

e：每次的退刀量。

ns：精加工第一个程序段的程序段号。

nf：精加工最后一个程序段的程序段号。

Δu：X 向精加工余量（直径值）。

Δw：Z 向精加工余量。

f：粗加工循环进给速度。

G71 走刀轨迹如图 1-145 所示，切削时，进刀轨迹平行于 Z 轴。

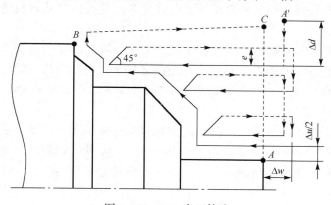

图 1-145　G71 走刀轨迹

提示

（1）编程时，Δu、Δw 精加工余量的符号判别如图 1-146 所示。

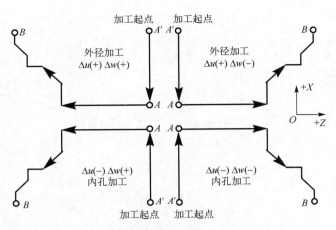

图 1-146 精加工余量的符号判别

（2）由循环起点 A' 到 A 点在编程时只能用 G00 或 G01 指令，且不能有 Z 轴方向移动指令。

（3）在使用 G71 进行粗加工时，只有含在 G71 指令程序段中的 F 功能才有效，而包含在 ns～nf 程序段中的 F 功能即使被指定，对粗车循环也无效，只对精加工循环有效。粗车循环可以进行刀具补偿。

（4）编程时，A 点至 B 点的刀具轨迹在 X 轴、Z 轴方向上必须单调递增或单调递减。

（5）顺序号 ns～nf 程序段中的恒线速功能无效。

（6）在顺序号 ns～nf 程序段中不能调用子程序。

（7）在顺序号 ns～nf 程序段中不能使用"倒角、拐角 R"的程序。

示例

如图 1-147 所示，已知毛坯为 $\phi35$ 圆柱形棒料，切削用量为：粗车背吃刀量为 2mm，退刀量为 0.5mm，进给量为 0.2mm/r，主轴转速为 800r/min。精加工余量在 X 轴方向上为 0.3mm（直径值），在 Z 轴方向上为 0.05mm，试用 G71 指令编程。

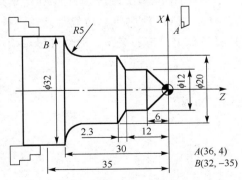

图 1-147 G71 加工举例

编程如下：

O0030;	
T0101;	（转换粗加工刀具，同时系统设置工件坐标系）

```
        M03 S800;
        G00 X36 Z4;                     （刀具快速移至加工起点）
        G71 U2 R0.5;                    （粗加工循环指令）
        G71 P10 Q20 U0.3 W0.05 F0.2;
        N10 G00 G42 X0;                 （精加工循环开始，并建立刀尖圆弧半径补偿）
        G01 Z0 F0.1;
        X12 Z-6;
        Z-12;
        X20 W-2.3;
        Z-25;
        G02 X30 W-5 R5;
        G01 X32
        Z-35;
        N20 G40 X36;                    （精加工循环结束，并取消刀尖圆弧半径补偿功能）
        G00 X50 Z80;                    （退刀）
        M30;
```

2）G70（精车复合固定循环）

G70用于G71、G72、G73粗加工完成后切除余下的精加工余量。

 格式

```
        G70 P （ns） Q （nf）；
```

 说明

ns、nf均与G71中的介绍相同。

 提示

（1）G70指令不能单独使用，只能配合G71、G72、G73指令使用，以此来完成工件的精加工，即当用G71、G72、G73指令粗车工件后，用G70指令来切除精加工余量。

（2）在这里，G71、G72、G73程序段中的F功能都无效，只有在ns～nf程序段中的F功能才有效。如果在ns～nf程序段中没有指定F，则系统将延续粗车循环中的F功能。

 示例

以图1-147为例进行精加工编程。

编程如下：

```
        O0030;
        T0101;
        M03 S800;
        G00 X36 Z4;
        G71 U2 R0.5;
        G71 P10 Q20 U0.3 W0.05 F0.2;
        N10 G00 G42 X0;
        G01 Z0 F0.1;
```

```
…
N20 G40 X36；
G00 X50 Z80；
T0202；                              （转换精加工刀具，同时系统设置工件坐标系）
G00 X36 Z4；                          （刀具快速移至精加工循环起点）
M03 S1200；
G70 P10 Q20；                         （精加工循环指令）
G00 X50 Z80；
M30；
```

3）G72

G72 是端面粗车复合固定循环指令，用于 X 轴方向尺寸较大而 Z 轴方向尺寸较小，且毛坯为圆柱棒料的盘类工件的粗加工。

💡 **格式**

```
G72 W （Δd） R （e）；
G72 P （ns） Q （nf） U （Δu） W （Δw） F （f）；
N （ns） …；
…
N （nf） …；
```

📖 **说明**

Δd：背吃刀量（Z 向值），不带符号。切削方向取决于 A'A 方向。

其余字母符号的含义与 G71 相同。

G72 走刀轨迹如图 1-148 所示，切削时进刀轨迹平行于 X 轴。

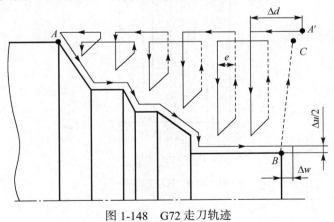

图 1-148　G72 走刀轨迹

📖 **提示**

（1）编程时，Δu、Δw 精加工余量的符号判别如图 1-149 所示。

（2）由循环起点 A'到 A 点，编程时只能用 G00 或 G01 指令，且不能有 X 轴方向的移动指令。

（3）其余与 G71 相同。

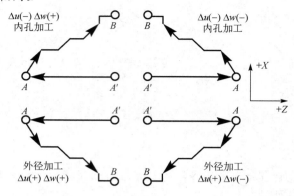

$\Delta u(-)\ \Delta w(+)$
内孔加工

$\Delta u(-)\ \Delta w(-)$
内孔加工

外径加工
$\Delta u(+)\ \Delta w(+)$

外径加工
$\Delta u(+)\ \Delta w(-)$

图 1-149 精加工余量的符号判别

示例

如图 1-150 所示，已知毛坯为 $\phi60$ 圆柱形棒料，切削用量为：粗车背吃刀量为 2mm（Z 向），退刀量为 0.5mm，进给量为 0.2mm/r，主轴转速为 800r/min。精加工余量在 X 轴方向上为 0.3mm（直径值），在 Z 轴方向上为 0.05mm，试用 G72 指令编程。

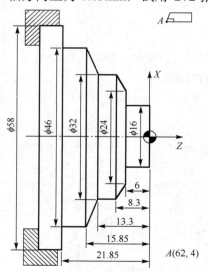

图 1-150 G72 加工举例

编程如下：

O0040；	
T0101；	（转换粗加工刀具，同时系统设置工件坐标系）
M03 S800；	
G00 X62 Z4；	（刀具快速移至加工起点）
G72 W2 R0.5；	（粗加工循环指令）
G72 P10 Q20 U0.3 W0.05 F0.2；	

```
        N10 G00 G42 Z–21.85;          （精加工循环起始，并建立刀尖圆弧半径补偿）
        G01 X46 F0.1;
        Z–15.85;
        X32 Z–13.3;
        Z–8.3;
        X24 Z–6;
        X16;
        Z0;
        X0;
        N20 G40 Z4;                   （精加工循环结束，并取消刀尖圆弧半径补偿功能）
        G00 X80 Z80;                  （退刀）
        T0202;                        （转换精加工刀具，同时系统设置工件坐标系）
        G00 X62 Z4;                   （刀具快速移至精加工循环起点）
        M03 S1200;
        G70 P10 Q20;                  （精加工循环指令）
        G00 X80 Z80;
        M30;
```

4）G73（仿形粗车复合固定循环）

仿形粗车复合固定循环就是指按照一定的切削形状逐渐接近最终形状。因此，它适用于毛坯轮廓形状与工件轮廓形状基本相似的工件的粗车加工。故这种加工方式对铸造或锻造毛坯的粗车是一种效率很高的方法。

💡 **格式**

```
        G73 U  (Δi)  W  (Δk)  R  (d) ;
        G73 P  (ns)  Q  (nf)  U  (Δu)  W  (Δw)  F  (f ) ;
        N  (ns) …;
        …
        N  (nf) …;
```

 说明

Δi：X 向总退刀量（粗车时 X 向需要切除的总余量，半径指定）。

Δk：Z 向总退刀量（粗车时 Z 向需要切除的总余量）。

d：粗车循环次数，是模态的。

其余字母符号的含义与 G71 相同。

G73 走刀轨迹如图 1-151 所示，每刀的进给轨迹都是与工件轮廓相同的固定形状。

📋 **提示**

（1）总退刀量的计算：(毛坯直径–工件最小直径)/2 –1（减 1 是为了少走一空刀）。

（2）Δu、Δw 精加工余量的符号判别与 G71 相同。

🔧 **示例**

如图 1-152 所示，已知毛坯为 ϕ34 圆柱形棒料，切削用量为：进给量为 0.2mm/r，主轴转速为 800r/min，粗车循环次数取 8，精加工余量在 X 轴方向上为 0.3mm（直径值）、大 Z 轴方向上为 0.05mm，试用 G73 指令进行编程。

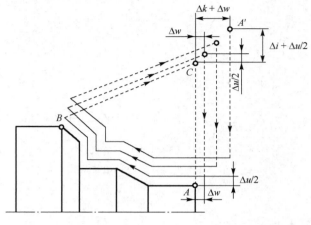

图 1-151   G73 走刀轨迹

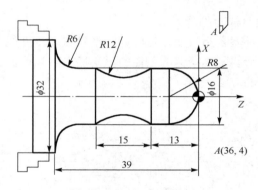

图 1-152   G73 加工举例

总退刀量计算：

$\Delta i = (34-0)/2 - 1 = 16$。

Δk：因为毛坯为圆柱形棒料，不是锻/铸件，所以余量较小，Δk 取 0.5。

编程如下：

```
O0050;
T0101;                          （转换粗加工刀具，同时系统设置工件坐标系）
M03 S800;
G00 X36 Z4;                     （刀具快速移至加工起点）
G73 U16 W0.5 R8;                （粗加工循环指令）
G73 P10 Q20 U0.3 W0.05 F0.2;
N10 G00 G42 X0;
G01 Z0;
G03 X16 Z-8 R8;
G01 Z-13;
G02 Z-28 R12;
```

```
G01 Z–33；
G02 X28 W–6 R6；
G01 X32；
N20 G40 X34；
G00 X80 Z80；
T0202；                    （转换精加工刀具，同时系统设置工件坐标系）
G00 X34 Z4；               （刀具快速移至精加工循环起点）
M03 S1200；
G70 P10 Q20；              （精加工循环指令）
G00 X80 Z80；
M30；
```

5）G74（端面啄式钻孔、Z 向切槽循环）

径向（X 向）进刀循环、轴向断续切削循环：首先从起点轴向（Z 向）进给、回退、进给……直至切削到与切削终点 Z 轴坐标相同的位置，然后径向退刀、轴向回退至与起点 Z 轴坐标相同的位置，完成一次轴向切削循环；径向再次进刀后，进行下一次轴向切削循环；切削到切削终点后，返回起点（G74 的起点与终点相同），轴向切槽复合循环完成。G74 的径向进刀和轴向进刀方向由切削终点 X（U）、Z（W）与起点的相对位置决定，此指令用于在工件端面加工环形槽或中心深孔，轴向断续切削（起到断屑、及时排屑的作用）。G74 走刀轨迹如图 1-153 所示。

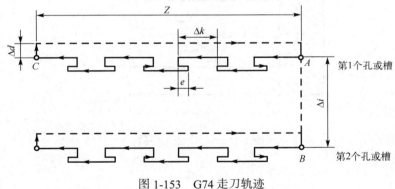

图 1-153　G74 走刀轨迹

 格式

```
G74 R_(e)
G74 X_(U)　Z_(W)　P_(Δi)　Q_(Δk)　R_(Δd)　F_(f)；
```

 说明

e：退刀量，是模态值，由参数指定。

X：B 点的绝对坐标。

U：从 A 点至 B 点的增量坐标。

Z：C 点的绝对坐标。

W：从 A 点至 C 点的增量坐标。

Δi：X 向的移动量（无符号，直径值，单位为 0.001mm）。

Δk：Z 向的移动量（无符号，单位为 0.001mm）。

Δd：刀具在切削底部的退刀量（根据具体要求来定义）。它的符号一定是+。但是，如果 X（U）及Δi 省略，则退刀方向可以指定为希望的符号。

f：进给量。

 提示

（1）如果在该指令中省略 X（U）和 P（Δi），则指令变成在 Z 轴方向上钻单个孔、切单个槽。

（2）e 和Δd 都用地址 R 指定，区别两者的根据是 G74 指令中是否同时指定地址 X（或 U），如果 X（U）被指令，则地址 R 代表Δd。循环动作在执行第 2 条含 X（或 U）的 G74 指令时进行。

示例

用 G74 钻削循环功能加工如图 1-154 所示的深孔，已知钻头直径为 $\phi16$，循环起点 $A(0,4)$，$\Delta k = 3000\mu m$，$e = 0.5mm$，$f = 0.08mm$。

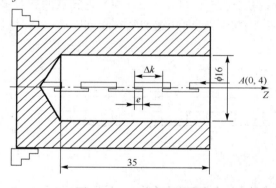

图 1-154　G74 加工举例

编程如下：

O0060；	
T0101；	（转换加工刀具，同时系统设置工件坐标系）
M03 S500；	
G00 X0 Z4；	（刀具快速移至加工起点）
G74 R0.5；	（钻孔加工循环指令）
G74 Z-35 Q3000 F0.08；	
G00 Z80；	
M30；	

6）G75（外径/内径啄式钻孔、X 向切槽循环）

轴向（Z 向）进刀循环、径向（X 向）断续切削循环：从起点径向进给、回退、进给……直至切削到与切削终点 X 轴坐标相同的位置，然后轴向退刀、径向回退至与起点 X 轴坐标相同的位置，完成一次径向切削循环；轴向再次进刀后，进行下一次径向切削循环；切削到切削终点后，返回起点（G75 的起点与终点相同），径向切槽复合循环完成。G75 的轴向进刀和径向进刀方向由切削终点 X（U）、Z（W）与起点的相对位置决定。此指令用于加工径向环形槽或圆柱面，径向断续切削主要起到断屑、及时排屑的作用。G75 走刀轨迹如图 1-155 所示。

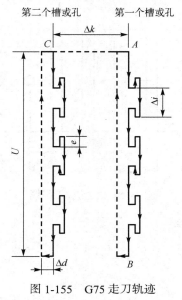

图 1-155　G75 走刀轨迹

 格式

> G75 R＿（e）；
> G75 X＿（U）　Z＿（W）　P＿（Δi）　Q＿（Δk）　R＿（Δd）　F＿（f）；

 说明

各指令符号的含义与 G74 相同。

 提示

（1）如果在该指令中省略 Z（W）和 Q（Δk），则指令变成在 X 轴方向上切单个槽、钻单个孔。

（2）G74、G75 指令都用于切断、切槽或孔加工。

 示例

用 G75 切槽循环功能加工如图 1-156 所示的排槽，已知切槽刀宽为 3mm，切槽循环起点 A(34,-9)，Δi =2000μm，Δk=9000μm，e=0.5mm，f=0.08mm。

编程如下：

> O0060；
> T0101；　　　　　　　　　　　（转换加工刀具，同时系统设置工件坐标系）
> M03 S500；
> G00 X34 Z-9；　　　　　　　　（刀具快速移至加工起点）
> G75 R0.5；　　　　　　　　　　（切槽加工循环指令）
> G75 X20 Z-36 P2000 Q9000 F0.08；
> G00 X60；

Z80；
M30；

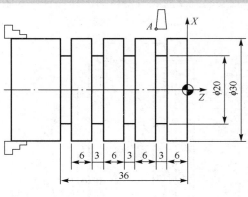

图 1-156　G75 加工举例

7）G76（螺纹切削复合循环）

使用螺纹切削复合循环指令 G76，只需一个程序段就可以完成整个螺纹的加工。

 格式

G76 P m　r　a　QΔdmin　R d ；
G76 X（U）__ Z （W）__Ri　Pk　QΔd　FL ；

 说明

m：最后精加工的重复次数，取值为 1～99。

r：螺纹倒角量。如果把 L 作为导程，则在 0.01～9.9L 范围内，以 0.1L 为一挡，可以用 00～99 两位数值指定。

a：刀尖的角度（螺纹牙的角度），可以选择 80°、60°、55°、30°、29°、0° 六种角度。例如，当 m = 2，r = 1.2L，a = 60° 时，P 指令为 P 021260。

Δdmin：最小切深（用半径值指定，单位为 μm）。

d：精加工余量，单位为 mm。

X（U）、Z（W）：螺纹终点绝对坐标或增量坐标，单位为 mm。

i：螺纹部分的半径差，当 i=0 时为直螺纹，单位为 mm。

K：螺纹牙型高度（X 轴方向的距离，用半径值指令），单位为 μm。

Δd：第 1 次切入量（半径值），单位为 μm。

F：螺纹导程，单位为 mm。

提示

（1）在 G76 循环中，分级切削的进给量是自动改变的，当第 1 次切入量为 Δd 时，第 n 次切削量为 $\Delta d\sqrt{n}$，如图 1-157 所示。

（2）通过改变循环的起点、终点的相对位置，G76 循环有 4 种不同的加工轮廓，即进行左旋、右旋、内/外螺纹的加工。螺纹切削的注意事项与 G32、G92 螺纹切削循环相同。

（3）在螺纹切削复合循环（G76）加工中，当按进给暂停键时，就如同在螺纹切削复合循环终点倒角，刀具立即快速返回循环起点；当按循环启动键时，螺纹切削复合循环恢复。

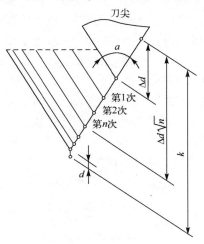

图 1-157　螺纹切入量变化

示例

对于如图 1-158 所示的螺纹加工，已知螺纹加工起点坐标 $A(36,6)$，螺距为 3mm，进刀次数查螺纹表可知需要 7 刀，如果用 G32、G92 指令来编程，那么会比较麻烦，故用 G76 指令来编程，这样程序就变得简单了。

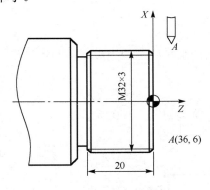

图 1-158　G76 加工举例

编程如下：

```
O0070;
T0101;                          （转换加工刀具，同时系统设置工件坐标系）
M03 S500;
G00 X36 Z6;                     （刀具快速移至加工起点）
G76 P010060 Q100 R0.2;          （螺纹加工循环）
G76 X28.102 Z−22 P1949 Q1000 F3;
G00 X80 Z80;
```

M30；

9. 切削单一循环 G90、G94、G92（前面已介绍）

切削单一循环可以完成由"切入—切削—退刀—返回"组成的一个简单循环，在某些粗车等工序的加工中，由于切削余量大，通常要在同一轨迹上重复切削多次，因此程序较为烦琐，这时可以采用固定循环（包含单一循环）的编程指令和方法。

1）G90（内、外圆切削单一循环）

内、外圆切削单一循环用于切削加工 Z 向较长、X 向较短的圆柱面或圆锥面。G90 是模态代码，因此一旦被建立，在后面的程序段中就一直有效。

（1）圆柱面切削单一循环。

圆柱面切削单一循环走刀轨迹如图 1-159 所示。

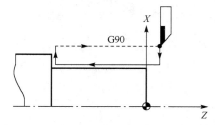

图 1-159　圆柱面切削单一循环走刀轨迹

 格式

G90 X（U）＿Z（W）＿F＿；

 说明

X（U）、Z（W）：圆柱面切削时终点的绝对坐标和增量坐标。

F：进给量。

（2）圆锥面切削单一循环。

圆锥面切削单一循环走刀轨迹如图 1-160 所示。

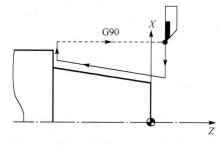

图 1-160　圆锥面切削单一循环走刀轨迹

 格式

G90 X（U）＿Z（W）＿R＿F＿；

说明

X（U）、Z（W）：圆锥面切削时终点的绝对坐标和增量坐标。

R：圆锥面起点与终点的半径差，有正、负号（参见 G92）。

示例

（1）用 G90 指令加工如图 1-161 所示的圆柱面台阶工件，加工起点坐标 $A(42,5)$，背吃刀量（单边）为 3mm，进给量为 0.2mm。

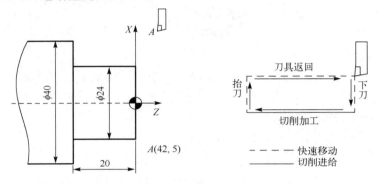

图 1-161　圆柱面切削单一循环举例

编程如下：

O0100；	（程序名）
T0101；	（转换刀具，同时系统设置工件坐标系）
S800 M03；	（主轴转速、转向）
G00 X42 Z5；	（刀具移至加工起点）
G90 X36 Z−20 F0.2；	（X 向切入 6mm，第 1 次切削加工，刀具自动返回起点）
X30；	（X 向再切入 6mm，第 2 次切削加工，刀具自动返回起点）
X24；	（X 向再切入 6mm，第 3 次切削加工，刀具自动返回起点）
G00 X50 Z80；	（刀具远离）
M30；	（程序结束）

（2）用 G90 指令加工如图 1-162 所示的圆锥面台阶工件，加工起点坐标 $A(40,6)$，背吃刀量为（单边）1.5mm，进给量为 0.2mm，$R=(22.67−28)/2=−2.66$（单位为 mm）。

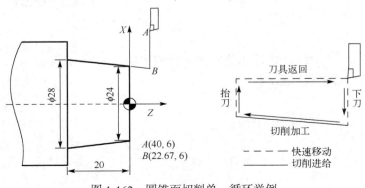

图 1-162　圆锥面切削单一循环举例

编程如下：

O0200;	（程序名）
T0101;	（转换刀具，同时系统设置工件坐标系）
S800 M03;	（主轴转速、转向）
G00 X40 Z6;	（刀具移至加工起点）
G90 X37 Z-20 R-2.66 F0.2;	（X向切入3mm，第1次切削加工，刀具自动返回起点）
X34;	（X向再切入3mm，第2次切削加工，刀具自动返回起点）
X31;	（X向再切入3mm，第3次切削加工，刀具自动返回起点）
X28;	（X向再切入3mm，第4次切削加工，刀具自动返回起点）
G00 X50 Z80;	（刀具远离）
M30;	（程序结束）

2）G94（端面车削单一循环）

端面车削单一循环用于切削直端面或锥端面，也用于切削加工 X 向较长、Z 向较短的圆柱面、端面和圆锥面。G94 是模态代码，因此一旦被建立，在后面的程序段中就一直有效。

（1）直端面车削单一循环。

直端面车削单一循环走刀轨迹如图 1-163 所示。

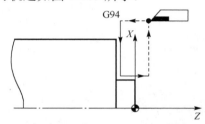

图 1-163　直端面车削单一循环走刀轨迹

 格式

G94 X（U）＿Z（W）＿F＿;

📖 说明

X（U）、Z（W）：直端面切削时终点的绝对坐标和增量坐标。

F：进给量。

🔧➡ 示例

用 G94 指令加工如图 1-164 所示的直端面台阶工件，加工起点坐标 $A(42,5)$，背吃刀量（Z 向）为 3mm，进给量为 0.2mm。

编程如下：

O0300;	（程序名）
T0101;	（转换刀具，同时系统设置工件坐标系）
S800 M03;	（主轴转速、转向）
G00 X42 Z5;	（刀具移至加工起点）

G94 X12 Z-3 F0.2;	（Z 向切入 3mm，第 1 次切削加工，刀具自动返回起点）
Z-6;	（Z 向再切入 3mm，第 2 次切削加工，刀具自动返回起点）
Z-9;	（Z 向再切入 3mm，第 3 次切削加工，刀具自动返回起点）
Z-10;	（Z 向再切入 1mm，第 4 次切削加工，刀具自动返回起点）
G00 X50 Z80;	（刀具远离）
M30;	（程序结束）

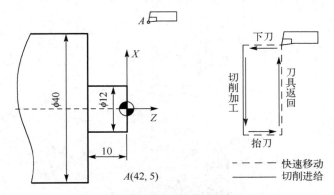

图 1-164　直端面车削单一循环举例

（2）锥端面车削单一循环。

锥端面车削单一循环走刀轨迹如图 1-165 所示。

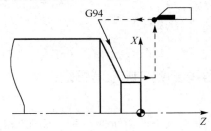

图 1-165　锥端面车削单一循环走刀轨迹

 格式

G94 X（U）__ Z（W）__ R_ F__ ;

 说明

X（U）、Z（W）：圆柱面切削时终点的绝对坐标和增量坐标。

R：锥端面切削起点与终点的差值，即 $Z_{起点} - Z_{终点}$。

F：进给量。

示例

用 G94 指令加工如图 1-166 所示的锥端面台阶工件，加工起点坐标 A(42,5)，背吃刀量（Z 向）为 3mm，进给量为 0.2mm，R=[-10-(-6)]= -4（单位为 mm）。

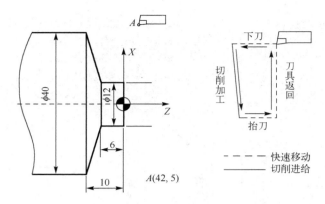

图 1-166　锥端面车削单一循环举例

编程如下：

O0400;	（程序名）
T0101;	（转换刀具，同时系统设置工件坐标系）
S800 M03;	（主轴转速、转向）
G00 X42 Z6;	（刀具移至加工起点）
G94 X12 Z3 R4 F0.2;	
Z3;	（Z 向再切入 3mm，第 1 次切削加工，刀具自动返回起点）
Z0;	（Z 向再切入 3mm，第 2 次切削加工，刀具自动返回起点）
Z−3;	（Z 向再切入 3mm，第 3 次切削加工，刀具自动返回起点）
Z−6;	（Z 向再切入 3mm，第 4 次切削加工，刀具自动返回起点）
G00 X50 Z80;	（刀具远离）
M30;	（程序结束）

10．G96/G97/G50（恒线速度控制/取消恒线速度控制/最高转速限制）

1）G96（恒线速度控制）

在加工工件时，如果要求不同大小的台阶面、锥面或端面的粗糙度一致，则必须用恒线速度进行切削。它是通过改变转速来控制相应的工件直径变化以维持恒定的切削速度的，编程时常与 G50 指令配合使用。

 格式

G96 S～;

 说明

S：其后的数字表示的是恒线速度，单位为 m/min，如 G96 S120 表示切削点线速度控制为 120m/min。

 示例

对于如图 1-167 所示的工件，为保证 A、B、C 三个台阶面的表面粗糙度一致，在加工时，3 个台阶面上各处的线速度必须保持一致。现已知各台阶面的线速度为 120m/min，求各台阶面在加工时的主轴转速。

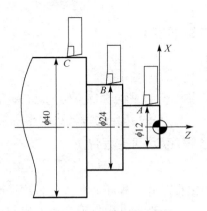

图 1-167　恒线速度控制举例

由切削速度公式 $V_c = \pi \times D \times n / 1000$ 可得以下结果。

A：$n = 1000 \times 120 \div (\pi \times 12)$ r/min $= 3183$ r/min。

B：$n = 1000 \times 120 \div (\pi \times 24)$ r/min $= 1592$ r/min。

C：$n = 1000 \times 120 \div (\pi \times 40)$ r/min $= 955$ r/min。

2）G97（取消恒线速度控制）

 格式

G97 S～；

 说明

S：其后的数字表示恒线速度控制取消后的主轴转速。如果 S 未指定，则将保留 G96 的最终值。

 示例

G97 S2000；　（恒线速控制取消后的主轴转速为 2000r/min）

3）G50（最高转速限制）

当主轴转速高于 G50 指定的速度时，会被限制为最高速度，不再升高。

 格式

G50 S～；

 说明

S：其后的数字表示主轴最高转速，单位为 r/min 。

 示例

G50 S5000；　（限制主轴最高转速为 5000r/min）
G96 S150；　（恒线速度开始，指定切削速度为 150m/min）

11. G98/G99（切削进给速度）

G98：指定每分钟进给率。

G99：指定每转进给率。

对于切削进给速度，可用 G98 代码来指定每分钟的移动距离（mm/min），或者用 G99 代码来指定每转的移动距离（mm/r）。G99 指定的每转进给率主要用于数控车床加工。

12. M98/M99（调用子程序/返回主程序）

1）主程序与子程序

机床的加工程序可以分为主程序和子程序两种。主程序是指一个完整的工件加工程序，或者工件加工程序的主体部分。它与被加工工件或加工要求一一对应，不同的工件或不同的加工要求都有唯一的主程序。

为了简化编程，有时可以将程序中的重复动作编写为单独的程序，并通过程序调用的形式来执行这些程序，这样的程序称为子程序。就程序结构和组成而言，子程序和主程序并无本质区别；但在使用上，子程序具有以下特点。

（1）它可以被任何主程序或其他子程序调用，并且可以多次循环执行。

（2）被主程序调用的子程序还可以调用其他子程序，这一功能称为子程序的嵌套。

（3）子程序执行结束后能自动返回到调用的程序中。

（4）子程序一般不可以作为独立的加工程序使用，只能通过被调用来实现加工中的局部动作。

2）子程序的调用

在大多数数控系统中，子程序与主程序的程序名的格式相同，也用 O+数字组成，但其结束标记必须使用 M99 才能实现程序的自动返回功能。

对于以上子程序格式，其子程序的调用是通过 M98 代码指令进行的。但在调用指令中，要将子程序的程序名地址改为 P。以下是 FANUC 系统常用的子程序调用指令格式。

 格式

> M98 P××××L××××；

 提示

调用子程序 O××××，地址 L 后缀的数字代表调用次数，如果只调用一次，则地址 L 可以省略。

 示例

> M98 P0088 L0003；（调用子程序 O0088 三次）

其中的子程序名、循环次数的前导"0"均可以省略，即可简写成 M98 P88 L3。

 格式

> M98 P×××× ××××；

提示

调用子程序 O××××，在地址 P 后缀的数字中，前 4 位代表调用次数，后 4 位代表子程序名。

M98 P00030088；（调用子程序 O0088 三次）

在利用这种格式时，调用次数的前导"0"可以省略，但子程序名的前导"0"不可以省略，即可简写成 M98 P30088。

具体子程序的调用格式如下。

主程序：　　　　　　　　　　　　　　　子程序：

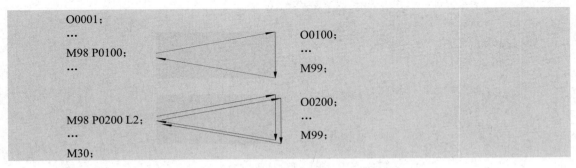

在上述主程序中，M98 P0200 L2 可以用 M98 P20200 代替。

示例

如图 1-168 所示，用外切槽刀（刀宽为 4mm）加工 3 个槽宽为 7mm、槽底直径为 31mm 的沟槽，试用 M98、M99 指令编写程序。

由于图 1-168 中 3 个槽的尺寸完全相同，因此可以将其中一个槽编写为子程序，通过主程序来连续调用它 3 次即可。

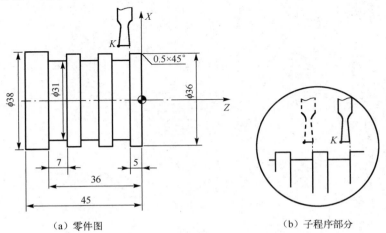

（a）零件图　　　　　　　　　　　（b）子程序部分

图 1-168　M98、M99 编程举例

编程如下：

O0500；	（主程序名）
T0101；	（转换切槽刀具，同时系统设置工件坐标系）
S600 M03；	（主轴转速、转向）
G00 X40 Z−5；	（刀具移至加工起点）
M98 P0600；	（第 1 次调用子程序，切第 1 个槽）
G00 Z−17；	（刀具移至第二个槽起点）
M98 P0600；	（第 2 次调用子程序，切第 2 个槽）
G00 Z−29；	（刀具移至第三个槽起点）
M98 P0600；	（第 3 次调用子程序，切第 3 个槽）
G00 X80 Z80；	（退刀）
M30；	（程序结束）
O0600；	（子程序名）
G01 X31 F0.08；	（切槽第 1 刀）
X40 F0.3；	（抬刀）
W−3；	（Z 向移动 3mm）
X31 F0.08；	（切槽第 2 刀）
X40 F0.3；	（抬刀）
M99；	（从子程序返回主程序）

第 **2** 章　数控车床刀具的选择与结构分析

2.1　数控车床刀具的选择原则

　　数控车床能兼做粗、精车削。为使粗车能大吃刀、大走刀，要求粗车刀具的强度高、耐用度好；为实现精车，首先需要保证加工精度，要求精车刀具的精度高、耐用度好。为减少换刀时间和方便对刀，应尽可能多地采用机夹刀。使用机夹刀可以为自动对刀准备条件。如果说在传统车床上采用机夹刀只是一种倡议，那么在数控车床上采用机夹刀就是一种要求了。对于机夹刀的刀体，要求其制造精度高，夹紧刀片的方式要选择得比较合理。由于将机夹刀装在数控车床上时一般不加垫片调整，因此刀尖的高精度在制造时就应得到保证。对于长径比例较大的内径刀杆，最好具有抗震结构。内径刀的冷却液最好先引入刀体，再从刀头附近喷出。对于刀片，在多数情况下应采用涂层硬质合金刀片。涂层只有在较高的切削速度（>100m/min）下才能体现出它的优越性。普通车床的切削速度一般提升不上去，因此所使用的硬质合金刀片可以不涂层。刀片涂层增加的成本不到一倍，而在数控车床上使用时，其耐用度可增加两倍以上。数控车床使用涂层刀片可提高切削速度，从而提高加工效率。涂层材料一般有碳化钛、氮化钛和氧化铝等，在同一刀片上也可以涂几层不同的材料，称之为复合涂层。数控车床对刀片的断屑槽有较高的要求，原因很简单：数控车床的自动化程度高，切削常常在封闭环境中进行，因此在车削过程中很难对大量切屑进行人工处置。如果切屑断得不好，那么它就会缠绕在刀头上，既可能挤坏刀片，又可能把切削表面拉伤。普通车床使用的硬质合金刀片一般是两维断屑槽，而数控车削刀片常采用三维断屑槽。三维断屑槽的形式很多，在刀片制造厂内一般被定型成若干标准。它们的共同特点是断屑性能好、断屑范围宽。对于具体材质的工件，在切削参数确定之后，要注意选好刀片的槽型，在选择过程中可以做一些理论探讨，但更主要的是进行实切试验。在一些场合也可以根据已有刀片的槽型来修改切削参数。要求刀片有好的耐用度是毋庸置疑的。

　　数控车床还要求刀片耐用度的一致性要好，以便使用刀具寿命管理功能。在使用刀具寿命管理功能时，刀片耐用度的设定原则是把该批刀片中耐用度最差的刀片作为依据。在这种情况下，刀片耐用度的一致性甚至比其平均寿命更重要。至于精度，同样要求各刀片精度的一致性要好。

2.2　数控车床刀杆的结构类型

　　数控车床刀具种类繁多，每种刀具都具有其特定的功能。根据实际产品选取合理的刀具是数控车床编程、加工的重要环节。因此，对数控车床刀具知识，需要做一个全面的了解。

在数控车床上使用的刀具有外圆车刀、钻头、镗刀、切断刀、螺纹加工刀等。数控车床常见刀具如图 2-1 所示。目前，数控车床已广泛使用可转位机夹式车刀。

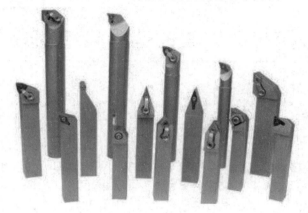

图 2-1　数控车床常见刀具

根据机床刀架型号不同，通常数控车床刀杆尺寸有 20mm×20mm、15mm×15mm、25mm×25mm、30mm×30mm 等规格，常见的是 20mm×20mm 规格。

2.3　数控车床可转位车刀

可转位车刀是数控车削中最常见的刀具，它是将能转位使用的多边形刀片用机械方法夹固在刀杆或刀体上的刀具，如图 2-2 所示。多数可转位车刀的刀片采用硬质合金、陶瓷、多晶立方氮化硼或多晶金刚石等制成。在车削加工中，当一个刃尖磨钝后，将刀片转位后使用另外的刃尖，这种刀片磨钝后不再重磨。

图 2-2　可转位车刀

2.3.1　可转位车刀的结构形式

1. 杠杆式

杠杆式可转位车刀如图 2-3 所示，由杠杆、螺钉、刀垫、刀垫销、刀片组成。孔夹紧结构应用杠杆原理对刀片进行夹紧。当旋紧螺钉时，通过杠杆产生夹紧力，从而将刀片定位在刀槽侧面；当旋出螺钉时，刀片松开，半圆筒形弹簧片可保持刀垫位置不动。

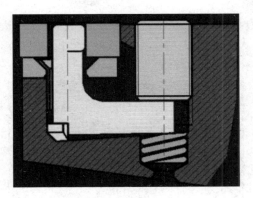

图 2-3 杠杆式可转位车刀

杠杆式可转位车刀具有以下特点。

（1）适合各种正、负前角的刀片，通常有效的前角范围为−60°～+180°。

（2）定位精度高，夹固牢靠，受力合理，使用方便，但工艺性较差。

（3）切屑可无阻碍地流过，切削热不影响螺孔和杠杆。

（4）两面槽壁给刀片有力的支撑，并确保转位精度。

2．楔块式

楔块式可转位车刀如图 2-4 所示，由紧定螺钉、刀垫、销、楔块、刀片组成。它的刀片内孔定位在刀片槽的销轴上，当带有斜面的压块由压紧螺钉下压时，楔块一面靠紧刀杆上的凸台，另一面将刀片推往刀片中间孔的圆柱销上压紧刀片。

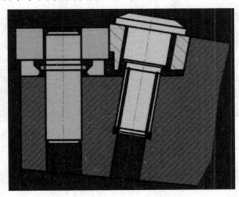

图 2-4 楔块式可转位车刀

楔块式可转位刀具有以下特点。

（1）适合各种负前角的刀片，有效的前角范围为−60°～+180°。

（2）操作简单方便，但定位精度较低，且夹紧力与切削力相反，可依靠销与楔块的挤压力将刀片紧固。

（3）两面无槽壁，便于仿形切削或倒转操作时留有间隙。

3．偏心式

偏心式可转位车刀如图 2-5 所示，利用螺钉上端的一个偏心轴将刀片夹紧在刀杆上，该结构依靠偏心夹紧，螺钉自锁，结构简单，操作方便，但不能双边定位。当偏心量过小时，要求刀片制造的精度高；当偏心量过大时，在切削力冲击作用下，刀片易松动，因此偏心式可转位车刀适用于连续平稳切削的场合。

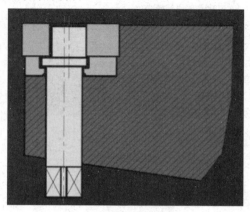

图 2-5　偏心式可转位车刀

此外，还有螺栓上压式可转位车刀（见图 2-6）、压孔式可转位车刀（见图 2-7）、上压式可转位车刀（见图 2-8）等形式。

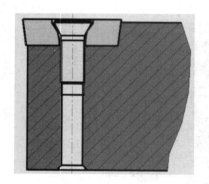 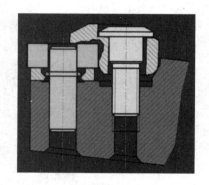

图 2-6　螺栓上压式可转位车刀　　　　　　图 2-7　压孔式可转位车刀

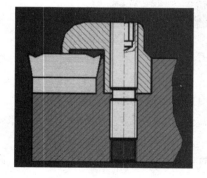 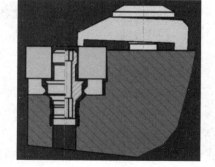

图 2-8　上压式可转位车刀

提示

无论采用何种夹紧方式，刀片在夹紧时必须满足以下条件。

（1）刀片装夹定位要符合切削力的定位夹紧原理，即切削力的合力必须作用在刀片支承面周界内。

（2）刀片周边尺寸定位需要满足三点定位原理。

（3）切削力与装夹力的合力在定位基面（刀片与刀体）上产生的摩擦力必须大于由切削振动等引起的使刀片脱离定位基面的交变力。

2.3.2 可转位车刀的功能分类

按功能不同，数控车床常用的可转位车刀可分为以下几种。

（1）外圆车刀（见图 2-9）：主要用于车削工件外轮廓，按进给方向不同，分为左偏刀和右偏刀两种。一般常用右偏刀。右偏刀由右向左进给，用来车削工件的外圆、端面和右台阶。它的主偏角较大，车削外圆时作用于工件的径向力小，不易出现将工件顶弯的现象，一般用于半精加工。左偏刀由左向右进给，用于车削工件的外圆和左台阶，也用于车削外径较大而长度短的工件（盘类工件）的端面。外圆车刀根据主偏角的不同，可分为 90°外圆车刀、75°外圆车刀、45°外圆车刀等。

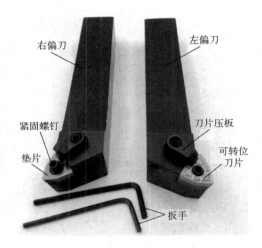

图 2-9 外圆车刀

（2）内孔车刀：主要用于工件毛坯经预钻孔后车削内轮廓，通常称为内孔镗刀，如图 2-10 所示。内孔车刀的刀杆受孔径的约束，刀杆尺寸比外圆车刀要小。为保证刀尖略高于工件回转中心，通常与内孔车刀座配合使用。内孔车刀座如图 2-11 所示。

图 2-10 内孔车刀

（3）螺纹车刀：用于在车削加工机床上进行螺纹的切削加工，按进给方向不同，可分为左偏刀和右偏刀两种。一般常用右偏刀。

螺纹车刀根据切削位置的不同可分为外螺纹车刀、内螺纹车刀，如图 2-12 所示。常见的外螺纹车刀刀杆规格为 20mm×20mm；内螺纹车刀刀杆规格也受孔径限制，通常需要借助内孔车刀座进行装夹。

图 2-11　内孔车刀座

图 2-12　外螺纹车刀与内螺纹车刀

（4）切槽（断）刀：用于在车削工件上退刀槽或切断工件，根据切削位置的不同，可分为外切槽（断）刀、内切槽（断）刀，如图 2-13 所示。常见的外切槽（断）刀刀杆规格为 20mm×20mm；内切槽（断）刀刀杆规格也受孔径限制，通常需要借助内孔车刀座进行装夹。

图 2-13　外切槽（断）刀与内切槽（断）刀

2.3.3　可转位车刀型号表示规则

我国参照国际标准《可转位车刀、仿形车刀和刀夹　代号》（ISO 5608:1995）和《带可转位刀片的单刃车刀和仿形车刀刀杆　　尺寸》（ISO 5610:1998）制定了《可转位车刀及刀夹　第 1 部分：型号表示规则》（GB/T 5343.1—2007）和《可转位车刀及刀夹　第 2 部分：可转位车刀型式尺寸和技术条件》（GB/T 5343.2—2007）两项标准，将可转位外圆/端面车刀、仿形车刀的代号用一组给定意义的字母和数字表示。代号共有 10 位符号，前 9 位符号位必须使用，第 10 位符号仅用于必要时。在 10 位符号后，生产厂商可以最多增加 3 位字母（或 3 位数字）表达刀样的参数特征，但应用破折号与标准符号隔开，并不得使用第 10 位规定的字母。可转位车刀代号的各位符号所表示的内容如表 2-1 所示。

表 2-1　可转位车刀代号的各位符号所表示的内容

号位	表示内容	规定
1	刀片的夹紧方式	1 位字母
2	刀片的形状	1 位字母
3	刀具的头部型式	1 位字母
4	刀片的法后角	1 位字母
5	刀具的切削方向	1 位字母
6	刀具的高度	2 位数字，取车刀刀尖高度数值，如刀尖高度为 25mm 的车刀代号为 25
7	刀具的宽度或刀夹类型	2 位数字，取车刀刀杆宽度数值，如刀杆宽度为 20mm 的车刀代号为 20。若宽度数值不足 2 位数字，则在该数值前加 "0"，如刀杆宽度为 8mm 的车刀代号为 08
8	刀具的长度	对于车刀的长度符合 GB/T 5343.2—2007 规定的，以符号 "—" 表示；对于车刀的长度不符合 GB/T 5343.2—2007 规定的，若该车刀的其他尺寸又都符合上述标准，其第 8 位代号按查表的规定来表示
9	可转位刀片的尺寸	2 位数字，取刀片切削刃长度或理论边长的整数部分。例如，当切削刃长度为 16.5mm 时，车刀代号为 16。如果舍去小数部分后只剩下 1 位数字，则必须在该数字前加 "0"。例如，切削刃长度为 9.525mm，车刀代号为 09
10	特殊公差	1 位字母

1．夹紧方式表示规则

根据加工方法、加工要求和被加工型面的不同，可转位刀片可采用不同的夹紧方式与结构。刀具的编号与刀片标记、刀片夹紧方式有关。国家标准 GB/T 5343.1—2007 中将夹紧方式归纳为 4 种，并对每种夹紧方式规定了相应的代号。表 2-2 所示为可转位刀片夹紧方式的标准代号、特点及应用。

表 2-2　可转位刀片夹紧方式的标准代号、特点及应用

名称	符号	夹紧方式及特点	应用
顶面夹紧（上压夹紧）	C	采用无孔刀片，由压板从刀片上方将其压紧在刀槽内。 结构简单，制造容易；刀片位置不可调整；压板形式有爪形、桥形或蘑菇头螺钉；可安置断屑器	适用于车刀、立铣刀、深孔钻、铰刀和镗刀等
螺钉通孔夹紧	S	采用有孔刀片，用锥形沉头螺钉将刀片压紧，螺钉的轴线与刀片槽底面的法向有一定的倾角，当旋动螺钉时，螺钉头部锥面将刀片压向刀片槽的底面及定位侧面。 结构简单、紧凑，切屑流动通畅，但刀片转位性能稍差	适用于车刀，小孔加工刀具，深孔钻、套、钻、铰刀，单/双刃镗刀等
孔夹紧（销钉夹紧）	P	采用带圆柱孔无后角刀片，利用刀片孔将刀片夹紧。 销钉式多用偏心夹紧，结构简单、紧凑，便于制造，一般适用于中小型车刀。 孔夹紧力较大，稳定性好，刀片转位方便，切屑流畅，但制造较困难	适用于车刀、可转位单刃镗刀、模块式镗刀夹
顶面和孔夹紧	M	采用圆柱孔刀片，顶面夹紧与螺钉通孔或销钉复合夹紧刀片。 夹紧可靠，可安置断屑器	适于重切削

2．刀片形状表示规则

刀杆所装的刀片是有规则的，刀片形状按大类分主要有等边和等角、等边但不等角、不等边但等角、不等边和不等角、圆形等，其中常见的刀片形状与符号的对应关系，即刀片形状的字母代号如表 2-3 所示。

表 2-3　刀片形状的字母符号

刀片型式	符号	刀片形状	刀尖角	示意图
Ⅰ 等边和等角	H	正六边形	120°	
	O	正八边形	135°	
	P	正五边形	108°	
	S	正方形	90°	
	T	正三角形	60°	
Ⅱ 等边但不等角	C D E M V	菱形	80°① 55°① 75°① 86°① 35°①	
	W	等边但不等角六边形	80°①	
Ⅲ 不等边但等角	L	矩形	90°	
Ⅳ 不等边和不等角	F	不等边和不等角六边形	82°①	
	A B K	平行四边形	85°① 82°① 55°①	
Ⅴ 圆形	R	圆形	—	
Ⅵ 不等边和不等角立装	G	六角形	100°	

注：其他刀片形状都用 Z 表示；①所示角度是指较小的角度。

3．刀具头部型式

刀具头部型式的符号如表 2-4 所示。

表 2-4　刀具头部型式的符号

符号	车刀头部型式		符号	车刀头部型式	
A		90°直头侧切	G		90°偏头侧切
B		75°直头侧切	H		107.5°偏头 侧切
C		90°直头端切	J		93°偏头侧切
Dª		45°直头侧切	K		75°偏头端切
E		60°直头侧切	L		95°偏头侧切及端切
F		90°偏头端切	M		50°直头侧切

续表

符号	车刀头部型式		符号	车刀头部型式	
N	63°	63°直头侧切	U	93°	93°偏头端切
P	117.5°	117.5°偏头侧切	V	72.5°	72.5°直头侧切
R	75°	75°偏头侧切	W	60°	60°偏头端切
S[a]	45°	45°偏头端切	Y	85°	85°偏头端切
T	60°	60°偏头侧切	—	—	—

注：D 型和 S 型车刀及刀夹也可以安装圆形（R 型）刀片。

4. 刀片法后角表示规则

刀片法后角的符号表 2-5 所示。

表 2-5 刀片法后角的符号

符号	刀片法后角		符号	刀片法后角	
A	α_1	3°	F	α_1	25°
B		6°	G		30°
C		7°	N		0°
D		15°	P		11°
E		20°	—		—

注：对于不等边刀片，符号用于表示较长边的法后角。

5. 刀具的切削方向表示规则

刀具的切削方向的符号如表 2-6 所示。

表 2-6 刀具的切削方向的符号

符号	示意图	说明
R	k_r	右切削
L	k_r	左切削
N	k_r	左右均可

2.3.4 常见数控车床刀具编号规则

不同刀具生产厂家对刀具编号使用的字母可能不一样，每个字母具体代表什么意思要查阅对应生产厂家的说明书。

1．可转位外圆车刀编号规则

可转位外圆车刀编号规则如图 2-14 所示。

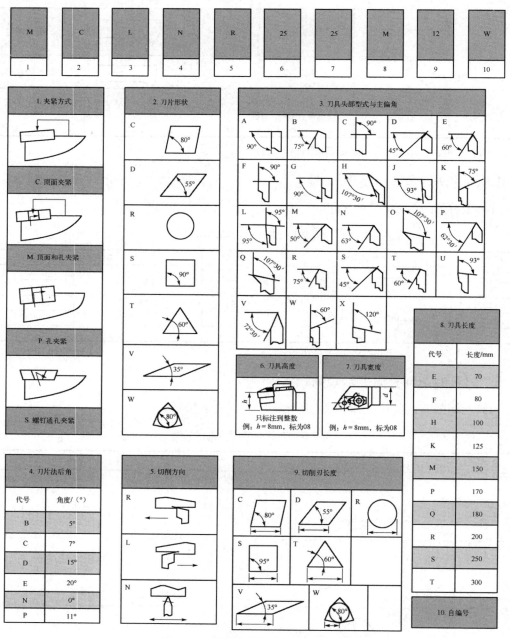

图 2-14 可转位外圆车刀编号规则

示例

如图 2-15 所示，该可转位外圆车刀的编号为 MCLNR2020M12。具体解读如下：该刀的刀片夹紧方式为顶面和孔夹紧，刀片形状代号为"C"（刀片角度为 80°），主偏角为 95°，刀片法后角为 0°，该刀是偏头外圆右手（代号 R）车刀，刀杆的高度和宽度分别为 20mm、20mm，整个刀具的长度为 150mm，刀片切削刃长 12mm（MCLN L 2020M12 是偏头外圆左手车刀）。

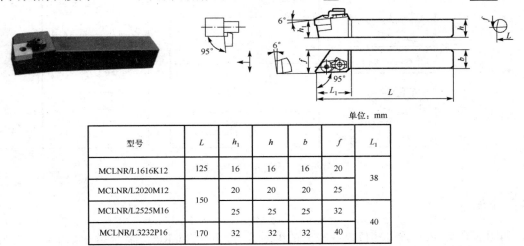

单位：mm

型号	L	h_1	h	b	f	L_1
MCLNR/L1616K12	125	16	16	16	20	38
MCLNR/L2020M12	150	20	20	20	25	
MCLNR/L2525M16		25	25	25	32	40
MCLNR/L3232P16	170	32	32	32	40	

图 2-15　可转位外圆车刀的编号

2．内孔车刀编号规则

内孔车刀编号规则如图 2-16 所示。

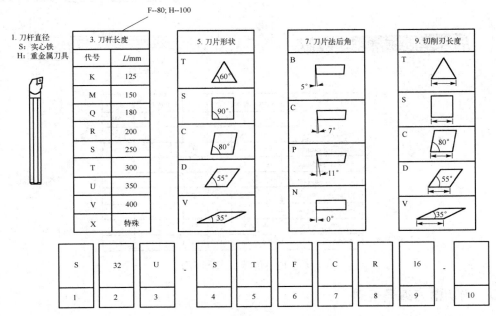

图 2-16　内孔车刀编号规则

93

2. 刀杆直径

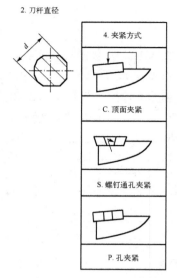
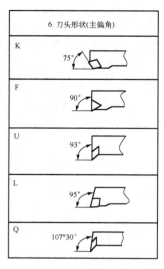
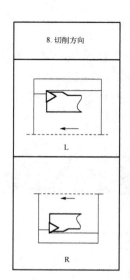

图 2-16 内孔车刀编号规则

示例

如图 2-17 所示，该可转位内孔车刀的编号为 S08F-SCLCR06。具体解读如下：该刀为实心刀杆，刀杆直径为 8mm，刀杆长度为 80mm，夹紧方式为螺钉通孔夹紧，刀片形状代号为"C"（刀片角度为 80°），刀头形状主偏角为 95°，刀片法后角为 7°，该刀是偏头内孔右手（代号 R）车刀，刀片切削刃长 6mm（S08F-SCLC<u>L</u>06 是偏头内孔<u>左</u>手车刀）。

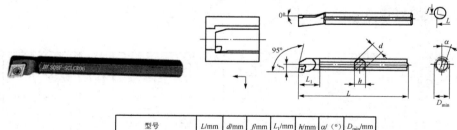

型号	L/mm	d/mm	f/mm	L_1/mm	h/mm	α/（°）	D_{min}/mm
S08F-SCLCR/L06	80	8	6	12	7	15	11
S08H-SCLCR/L06	100	8	6	12	7	15	11
S10H-SCLCR/L06	100	10	7	16	9	13	13
S10K-SCLCR/L06	125	10	7	16	9	13	13
S12K-SCLCR/L06	125	12	9	20	11	10	16
S12M-SCLCR/L06	150	12	9	20	11	10	16
S16M-SCLCR/L09	150	16	11	25	15	7	20
S20Q-SCLCR/L09	180	20	13	32	18	7	25
S25R-SCLCR/L12	200	25	17	40	23	5	32

图 2-17 可转位内孔车刀

3. 内切槽刀编号规则

内切槽刀编号规则如图 2-18 所示。

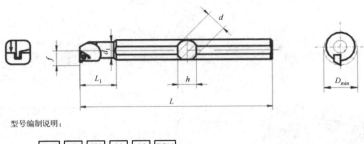

型号编制说明:

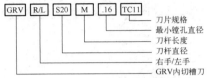

单位: mm

型号	尺寸						
	L	L_1	d	d_1	h	f	D_{min}
GRV. R/L S20M. 13 TC11		25	20	10	18	7.3	13
GRV. R/L S20M. 16 TC11	180	32	20	13	18	8.9	16
GRV. R/L S20M. 20 TC16		40	20	16	18	11.5	20

图 2-18　内切槽刀编号规则

 提示

内切槽刀不要轴向进给。

4. 切断（槽）刀编号规则

切断（槽）刀编号规则如图 2-19 所示。

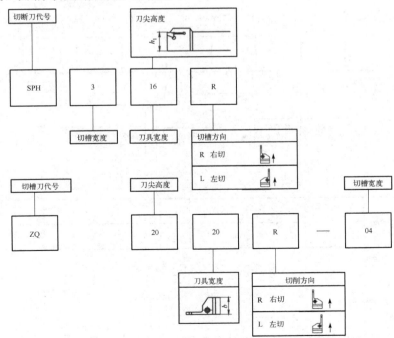

图 2-19　切断（槽）刀编号规则

示例

如图 2-20 所示，该切断（槽）刀的具体解读参考可转位外圆车刀。

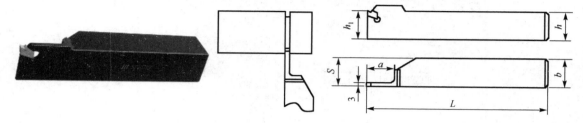

单位：mm

型号	尺寸					
	L	S	h	h_1	b	a
SPH316R/L	125	16.3	16	16	16	16
SPH320R/L	125	20.3	20	20	20	20
SPH325R/L	150	25.3	25	25	25	25
SPH420R/L	125	20.4	20	20	20	25
SPH425R/L	150	25.4	25	25	25	30

图 2-20　切断（槽）刀

5. 螺纹车刀编号规则

图 2-21 所示为螺纹车刀编号规则，图 2-22 所示为螺纹刀片编号规则。

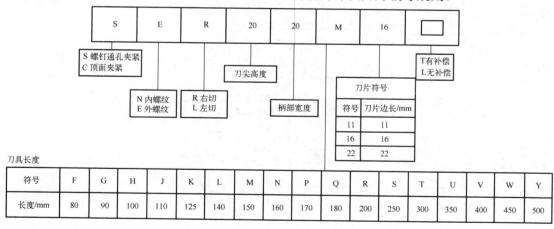

图 2-21　螺纹车刀编号规则

 示例

如图 2-23 所示，该螺纹车刀的具体解读参考可转位外圆车刀。

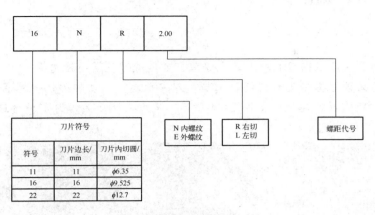

图 2-22　螺纹刀片编号规则

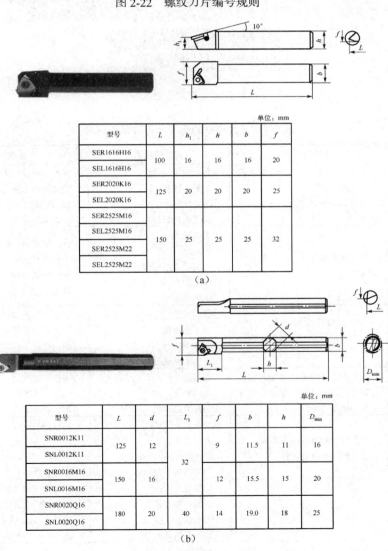

单位：mm

型号	L	h₁	h	b	f
SER1616H16	100	16	16	16	20
SEL1616H16					
SER2020K16	125	20	20	20	25
SEL2020K16					
SER2525M16	150	25	25	25	32
SEL2525M16					
SER2525M22					
SEL2525M22					

（a）

单位：mm

型号	L	d	L₁	f	b	h	D_min
SNR0012K11	125	12	32	9	11.5	11	16
SNL0012K11							
SNR0016M16	150	16		12	15.5	15	20
SNL0016M16							
SNR0020Q16	180	20	40	14	19.0	18	25
SNL0020Q16							

（b）

图 2-23　螺纹车刀

📖 **提示**

（1）刀片的形状应根据刀具所需的主偏角、可接近性及通用性选择。

（2）刀尖角必须根据强度和经济性选择。刀尖角越大，切削刃强度越高，通用性越差，振动倾向越大，所需功率越大，如图 2-24 所示。表 2-7 所示为刀片形状的选择与刀片常见问题。

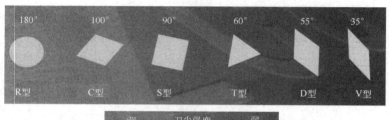

图 2-24　刀尖角的选择

表 2-7　刀片形状的选择与刀片常见问题

问题	导致的后果	可能的原因	解决的方法
后刀面磨损，沟槽磨损	后刀面迅速磨损导致加工表面粗糙或超差；沟槽磨损导致表面组织变差和崩刃	切削速度过高；进给不匹配；刀片牌号不正确；加工硬化材料	选择更耐磨的刀片；调整进给量和切深（加大进给量）；选择正确的刀片牌号；降低切削速度
切削刃出现细小缺口	切削刃出现细小缺口导致加工表面粗糙	刀片过脆；振动；进给过大或切深过大；断续切削；切屑损坏	选择韧性更好的刀片；刃口带负倒棱刀片；使用带断屑槽的刀片；增加系统刚性
前刀面磨损（月牙洼磨损）	月牙洼磨损会削弱刃口的强度，刀刃后缘破裂导致加工表面粗糙	切削速度过高或进给过大；刀片前角偏小；刀片不耐磨；冷却不够充分	降低切削速度或减小进给；选用正前角槽形刀片；选择更耐磨的刀片；增大冷却力度或加大冷却液流量
塑性变形	周刃凹陷或侧面凹陷引起切削控制变差或加工表面粗糙，过度的侧面磨损将导致刀刃崩刃	切削温度过高且压力过大；基体软化；刀片涂层被破坏	降低切削速度；选择更耐磨的刀片；增大冷却力度
积屑瘤	积屑瘤导致加工表面粗糙，当它脱落时，刃口会破损	切削速度过低；刀片前角偏小；缺少冷却或润滑；刀片牌号不正确	提高切削速度；加大刀片前角；增加冷却或润滑；选择正确的刀片牌号
崩刃	崩刃损坏刀片和工件	切削力过大；切削不够稳定；刀尖强度差；错误的断屑槽型	降低进给速度和减小切深；选择韧性更好的刀片；选择刀尖角大的刀片；选择正确的断屑槽型
热裂纹	垂直于刃口的热裂纹会引起刀刃崩碎和加工表面粗糙	断续切削引起温度变化过大；冷却液的供给量变化	增加冷却液供给量或使冷却液位置更准确

2.4　数控车床刀具材料

1．高速钢

高速钢是一种含钨、钼、铬、钒等金属元素较多的合金工具钢，其碳的质量分数在 1% 左右。高速钢经热处理后硬度一般都可达 62～67HRC，耐热温度可达 550～600°C，抗弯强度约为 3500MPa。高速钢具有高耐磨性和高耐热性等特点，有较好的工艺性能，强度和韧性配合好，且具有较好的热硬性。但高速钢刀具受耐热温度的限制，不能用于高速切削，常见牌号有 W18Gr4V、W6Mo5Gr4V2 等。目前，高速钢主要用于制造钻头、铣刀、拉刀、螺纹刀具和齿轮刀具等复杂形状刀具。

随着人们不断改变高速钢的成分，在普通高速钢中加入了钴、铝等合金材料，提高了其综合性能。目前，市面上主要的高速钢有高碳高速钢、铝高速钢、含钴高速钢、高钒高速钢、粉末高速钢。

2．硬质合金

硬质合金是由高硬度、高熔点的碳化钨（WC），以及碳化钛（TiC）、碳化钽（TaC）、碳化铌（NbC）粉末用钴（Co）黏结后压制、烧结而成的。硬质合金具有硬度高、耐磨、强度高和韧性好、耐热、耐腐蚀等性能。它的切削速度比高速钢快 4～10 倍。由于硬质合金刀具可以大大提高生产效率，因此不仅数控车刀、刨刀、面铣刀等采用了硬质合金，还有相当数量的钻头、铰刀、其他铣刀也采用了硬质合金。目前，它已延伸至复杂的拉刀、螺纹刀具和齿轮刀具的制造应用中。我国目前常用的硬质合金有以下 3 类。

1）钨钴类硬质合金

钨钴类硬质合金由 WC 和 Co 组成，代号为 YG，主要用于加工铸铁、有色金属等脆性材料和非金属材料。

它的常用牌号有 YG3、YG6 和 YG8。其中，数字表示含 Co 的百分比，其余为含 WC 的百分比。由前面可知，硬质合金中的 Co 起黏结作用，含 Co 越多的硬质合金的韧性越好，因此 YG8 适合粗加工和断续切削，YG6 适合半精加工，YG3 适合精加工和连续切削。

2）钨钛钴类硬质合金

钨钛钴类硬质合金由 WC、TiC 和 Co 组成，代号为 YT。TiC 与 WC 相比，其硬度、耐磨性、耐热性要好，但是它比较脆，不耐冲击和振动。YT 硬质合金适合加工钢料，原因是切削钢件时塑性变形大，切屑与刀具摩擦剧烈，切削温度高；但切屑呈带状，切削较平稳，基本无冲击。

它的常用牌号有 YT30、YT15 和 YT5。其中，数字表示含 TiC 的百分比。YT30 适合对钢料的精加工和连续切削，YT15 适合半精加工，YT5 适合粗加工和断续切削。

3）钨钛钴铌类硬质合金

钨钛钴铌类硬质合金是在钨钛钴类硬质合金中加入少量稀有金属化合物（TaC 或 NbC）制成的，代号为 YW。它的抗弯强度、疲劳强度、耐热性、耐磨性、抗氧化性等性能指标均得到了提高。该类硬质合金具有钨钴类硬质合金和钨钛钴类硬质合金的优点，既适合加工钢料，又适合加工铸铁和有色金属，称为通用硬质合金。它的常用牌号有 YW1 和 YW2，前者适合半精加工和精加工，后者适合粗加工和半精加工。

3. 陶瓷材料

常用陶瓷刀具材料是以氧化铝（Al_2O_3）或氮化硅（Si_3N_4）为基体材料在高温下烧结而成的。陶瓷材料的硬度、耐磨性、耐热性和化学稳定性均优于硬质合金，但其比硬质合金脆，目前主要用于精加工。

目前市面上的陶瓷刀具材料有氧化铝陶瓷、金属陶瓷、氮化硅陶瓷和复合陶瓷 4 种。金属陶瓷、氮化硅陶瓷和复合陶瓷的抗弯强度与冲击韧度已接近硬质合金，可用于半精加工和加切削液的粗加工。

4. 立方氮化硼

立方氮化硼（CBN）是在高温高压下由六方晶体氮化硼（又称白石墨）转化为立方晶体而成的。立方氮化硼的硬度可达 7300～9000HV，仅次于金刚石的硬度和耐磨性，但其强度低、焊接性差。

它既能用于切削淬火钢、冷硬铸铁的粗车和精车，又能用于切削高温合金、热喷涂材料、硬质合金及其他难加工材料的高速加工。立方氮化硼刀具在数控车床切削加工中非常适用。

5. 金刚石

金刚石分为人造和天然两种，通常情况下，切削刀具的材料选择人造金刚石。它的硬度可高达 10000HV 左右，是硬质合金的 8～10 倍，其耐磨性是硬质合金的 80～110 倍；但它的韧性很差，不适宜加工黑色金属材料，主要用于有色金属、硬质合金、石墨、陶瓷等材料的高速精细车削和镗削。

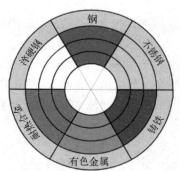

钢（P）：碳素钢、低合金钢、高合金钢。

不锈钢（M）：奥氏体 CrNi 钢、马氏体 Cr 钢。

铸铁（K）：灰铸铁、球墨铸铁、烧结铁。

非金属材料/有色金属（N）：铝合金、铜及铜合金。

耐热合金（S）：Ni 基/Co 基合金、钛合金。

淬硬钢（H）：淬火钢（HRC≥45），冷硬铸铁。

第 3 章 数控车床 1+X 考证操作加工示例

3.1 考核要求

（1）CAD/CAM 软件由考点提供，考生不得使用自带软件，禁止使用清单中所列规格之外的刀具，否则考核师有权决定终止其参加考核。

（2）考生考核场次和考核工位由考点统一安排。

（3）考核分为两个环节，即机床连续加工（150 分钟）和工艺编写与编程（60 分钟），共计 210 分钟。

（4）考生按规定时间到达指定地点，凭身份证和准考证进入考场。

（5）考生考核前 15 分钟进入考核工位，清点工具，确认现场条件无误；考核时间开始方可操作。考生迟到 15 分钟按自行放弃考核处理。

（6）考生不得携带通信工具和其他未经允许的资料、物品进入考场，不得中途退场。如果出现较严重的违规、违纪、舞弊等现象，那么考核管理部门有权取消其考核成绩。

（7）考生自备安全防护用品（工作服、安全鞋、安全帽、防护镜等），考核时应按照专业安全操作要求穿戴个人安全防护用品，并严格按照操作规程进行考核，符合安全、文明生产要求。

（8）考生的着装及所带用具不得出现标识。

（9）考核时间为连续进行，包括数控编程、工件加工、检测和清洁整理等时间；考生休息、饮食和如厕等时间都计算在考核时间内。

（10）考核过程中，考生必须严格遵守相关操作规程，确保设备及人身安全，并接受考核师的监督和警示；如果考生在考核中因违章操作而出现安全事故，则取消其继续考核的资格，成绩记零分。

（11）机床在工作中发生故障或产生不正常现象时应立即停机，保持现场状态，同时应立即报告考核师。因设备故障而造成的停机排除时间，考生应抓紧时间完成其他工作内容，考核师经请示核准后酌情补偿考核时间。

（12）考生完成考核项目后，提请考核师到工位检查确认并登记相关内容，考核终止时间由考核师记录，考生签字确认；考生结束考核后不得再进行任何操作。

（13）考生不得擅自修改数控系统内的机床参数。

（14）考核师在考核结束前 15 分钟提醒考生剩余时间。当听到考核结束指令时，考生应立即停止操作，不得以任何理由拖延时间继续操作。考生离开考场时，不得将草稿纸等与考核有关的物品带离考场。

3.2 考核内容及考件

完成以下考核任务。

（1）职业素养。（8分）

（2）根据机械加工工艺过程卡完成指定工件的机械加工工序卡、数控加工刀具卡、数控加工程序单。（12分）

（3）工件编程及加工。（80分）

① 按照任务书要求完成工件的加工。（75分）

② 根据工件自检表完成工件的部分尺寸自检。（5分）

（4）考核提供的考件如表3-1所示。

表3-1 考核提供的考件

序号	工件名称	材料	规格	数量	备注
1	传动轴	45钢	$\phi55\times65$	1	毛坯

3.3 计算机配置及 CAD/CAM 等相关软件

1．计算机配置

每个工位配置的计算机都要符合 CAD/CAM 软件运行要求，并与数控机床实现数据通信连接。

处理器：不低于 i5 或兼容处理器，主频 2GHz 以上。

内存：不低于 4GB。

硬盘：可用磁盘空间（用于安装）不低于 10GB。

操作系统：Windows 10 操作系统。

2．CAD/CAM 软件

考场统一提供多种主流软件。工位计算机安装 NX、MasterCAM 、CAXA、Cimatron 等新版 CAD/CAM 软件。

3．其他软件

WPS 或 Office 办公自动化软件等。

3.4 工具及附件清单

1．考点提供的工具及附件清单

考点提供的工具及附件清单如表3-2所示。

表3-2 考点提供的工具及附件清单

序号	名称	规格	数量
1	油石	长条形	1
2	毛刷	2寸	1
3	棉布	棉质	若干
4	胶木榔头	40mm	1
5	活动扳手	10寸	1

续表

序号	名称	规格	数量
6	锉刀	10 寸	1
7	DNC 连线及通信软件/U 盘	—	各 1
8	高性能计算机	—	1

注：1 寸≈3.33cm。

2．考点提供的刀具、量具

（1）刀具清单（建议，不许带成型刀具）如表 3-3 所示。

表 3-3　刀具清单

序号	名　　称	规　　格	数量
1	外圆车刀	主偏角 93°～95° 副偏角 3°～5°	1
2	外圆车刀	主偏角 93°～95° 副偏角 50°～55°	1
3	外圆切槽刀	3～4mm	1
4	外螺纹车刀	刀尖角 60°、螺距 1.5mm	1
5	内孔车刀	孔径范围≥ϕ20mm 刀杆伸长≤60mm	1
6	内孔槽刀	3～4mm	1
7	内螺纹车刀	刀尖角 60°、螺距 1.5mm	1
8	端面切槽刀	3～4mm	1
9	麻花钻	ϕ12、ϕ20	自定
10	中心钻	ϕ3	1
11	变径套	莫氏 4 号	1
12	钻夹头	莫氏 4 号	1
13	螺纹塞规	M24×1.5-6H	1
14	螺纹环规	M24×1.5-6g	1
15	铜片	自定	自定
16	垫片	自定	自定
17	计算器	—	1

（2）量具清单（建议）如表 3-4 所示。

表 3-4　量具清单

序号	名称	规格	数量
1	百分表	0～6	1
2	杠杆百分表	0～1	1
3	磁力表座	自定	1
4	外径千分尺	0～25mm	1
5	外径千分尺	25～50mm	1
6	外径千分尺	50～75mm	1
7	外径千分尺	75～100mm	1
8	内径千分尺	5～30mm	1
9	内径千分尺	25～50mm	1
10	游标卡尺	0～150mm	1
11	深度千分尺	0～25mm	1
12	深度千分尺	25～50mm	1

3. 安全防护用品准备

现场操作数控机床需要穿戴如表 3-5 所示的安全防护用品。

表 3-5　需要穿戴的安全防护用品

序号	项目名称	准备单位	备注
1	工作服	考生自带	
2	安全帽	考场提供	
3	电工鞋	考生自带	
4	防护眼镜	考生自带	

3.5　数控车床操作考试工件图纸

数控车床操作考试工件图纸如图 3-1 所示。

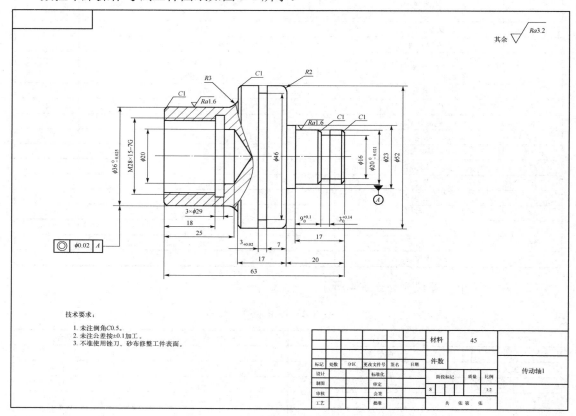

图 3-1　数控车床操作考试工件图纸

3.6　机械加工工艺过程卡

机械加工工艺过程卡如表 3-6 所示。

表 3-6　机械加工工艺过程卡

工件名称	传动轴		机械加工工艺过程卡	毛坯种类	棒料	共 1 页
				材料	45 钢	第 1 页
工序号	工序名称	工序内容			设备	工艺装备
1	备料	备料 ϕ55×65，材料为 45 钢				
2	数车	车左端面，粗、精车左端 ϕ36$_{-0.025}^{0}$ 外圆、R3 圆角，钻 ϕ20 底孔，车 ϕ29×3 退刀槽，M28×1.57g 内螺纹至图纸要求及倒角			KDCL15	三爪卡盘
3	数车	车右端面，保证总长度为(63±0.1)mm，粗、精车右端 ϕ20$_{-0.021}^{0}$、ϕ23、ϕ52 外圆、R2 圆角至图纸要求及倒角，车 ϕ16×3、ϕ46×3 槽			KDCL15	三爪卡盘
4	钳	锐边倒钝，去毛刺			钳台	台虎钳
5	清洗	用清洁剂清洗工件				
6	检验	按图样尺寸检测				
编写	×××	日期	×××	审核	×××	日期	×××

3.7　机械加工工序卡

机械加工工序卡如表 3-7 所示。

表 3-7　机械加工工序卡

工件名称	传动轴	机械加工工序卡		工序号		001	工序名称		共　页
									第　页
材料	45 钢	毛坯状态	ϕ55×65	机床设备		KDCL15	夹具		三爪卡盘

工序号	工序内容	刀具规格	刀具材料	量具	背吃刀量/mm	进给量/(mm/r)	主轴转速/(r/min)
1	夹右端 ϕ55 外圆，伸出长度为 45mm，车左端面（端面车平即可）	25mm×25mm	硬质合金			0.1	800
2	钻 ϕ20 孔，孔深 25mm	ϕ20	高速钢	游标卡尺			400
3	粗加工 ϕ36、ϕ52 外圆及两处 C1 和 R3	25mm×25mm	硬质合金	游标卡尺	2	0.2	800
4	精加工 ϕ36、ϕ52 外圆及两处 C1 和 R3	25mm×25mm	硬质合金	外径千分尺		0.08	1200
5	加工 ϕ52 外圆上的 3mm 槽到图纸标注的尺寸	2mm	硬质合金	塞规		0.05	600
6	加工螺纹底孔至 ϕ26.4	ϕ12	硬质合金	游标卡尺	1.5	0.1	800
7	切 ϕ29×3 槽达到图纸标注的尺寸	ϕ16	硬质合金			0.1	600

工序号	工序内容	刀具规格	刀具材料	量具	背吃刀量/mm	进给量/（mm/r）	主轴转速/（r/min）
8	M28×1.5 内螺纹加工	$\phi16$	硬质合金	螺纹塞规			400
9	调头夹$\phi36$外圆并校正			杠杆百分表			
10	车右端面并保证总长	25mm×25mm	硬质合金	游标卡尺		0.1	800
11	粗加工$\phi20$、$\phi23$ 外圆，以及 $C1$ 和 $R2$	25mm×25mm	硬质合金	游标卡尺	2	0.2	800
12	精加工$\phi20$、$\phi23$ 外圆，以及 $C1$ 和 $R2$	25mm×25mm	硬质合金	外径千分尺		0.08	1200
13	加工$\phi20$外圆上的 3mm 槽达到图纸标注的尺寸	2mm	硬质合金	游标卡尺		0.05	600
14	倒角 $C1$（3mm 处）	25mm×25mm	硬质合金				600
编写	×××	日期	×××	审核	×××	日期	×××

3.8 数控加工刀具卡

数控加工刀具卡如表 3-8 所示。

表 3-8 数控加工刀具卡

工件名称	传动轴		数控加工刀具卡				工序号	001
工序名称			设备名称	数控车床			设备型号	KDCL15
工序号	刀具号	刀具名称	刀柄型号	刀具			补偿量/mm	备注
				直径/mm	刀长/mm	刀尖半径/mm		
1	T01	93°外圆车刀	MDJNL2525M15		150	0.2		
2		麻花钻	莫氏 3 号					钻孔
3	T01	93°外圆车刀	MDJNL2525M15		150	0.2		
4	T01	93°外圆车刀	MDJNL2525M15		150	0.2		
5	T02	切槽刀	SPH325L		150			
6	T03	内孔镗刀	S12K-STFCL11	12	125			
7	T05	内切槽刀	GRVLS20M16TC11	20	180			
8	T07	内螺纹车刀	SNL0012K11	12	125			
9								工件调头

续表

工序号	刀具号	刀具名称	刀柄型号	刀具			补偿量/mm	备注
				直径/mm	刀长/mm	刀尖半径/mm		
10	T01	93°外圆车刀	MDJNL25 25M15		150	0.2		
11	T01	93°外圆车刀	MDJNL25 25M15		150	0.2		
12	T01	93°外圆车刀	MDJNL25 25M15		150	0.2		
13	T02	切槽刀	SPH325L		150			
14	T04	倒角刀	MSSNL25 25M15		150			
编写	×××	审核	×××	批准	×××	共　　页	第　　页	

3.9　数控加工程序单

数控加工程序单如表 3-9 和表 3-10 所示。

表 3-9　数控加工程序单 1

数控加工程序单		产品名称		工件名称		传动轴	共　　页
		工序号	1	工序名称		左端加工	第　　页
序号	程序编号	工序内容	刀具	切削深度（相对最高点）		备注	
1	O1111	左端外形粗、精加工	T01	10mm（半径值）			
2	O1112	切槽	T02	3mm（半径值）			
3	O1113	内孔加工	T03	3.2mm（半径值）			
4	O1114	内螺纹加工	T07				

装夹示意图：　　　　　　　　　　　　　　　　　　　　　装夹说明：

$\phi55$

45

编程/日期	×××	审核/日期	×××

表 3-10　数控加工程序单 2

数控加工程序单		产品名称		工件名称	传动轴	共　页
		工序号	1	工序名称	右端加工	第　页
序号	程序编号	工序内容	刀具	切削深度（相对最高点）	备注	
1	O1115	右端外形粗、精加工	T01	18mm（半径值）		
2	O1116	切槽	T02	2mm（半径值）		

装夹示意图：

装夹说明：
　　装夹时，为防止表面夹伤和尺寸变形，应采取相应的措施并控制好夹紧力

编程/日期	×××	审核/日期	×××

3.10　工件自检表

工件自检表如表 3-11 所示。

表 3-11　工件自检表

工件名称	传动轴			允许读数误差		±0.007mm		考核师评价
序号	项目	尺寸要求	使用的量具	测量结果			项目判定	
				NO.1	NO.2	NO.3	平均值	
1	外径/mm	$\phi36^{0}_{-0.025}$						对　错	
2	外径/mm	$\phi20^{0}_{-0.021}$						对　错	
3	长度/mm	63						对　错	
结论（对上述 3 个测量尺寸进行评价）		合格品　　　次品　　　废品						
处理意见								
考核师签字：	考生签字：							

3.11　参　考　程　序

参考程序:

```
O1111;
T0101;
M03 S800;
G00 X56 Z5;
G71 U2 R0.5;
G71 P10 Q20 U0.3 W0 F0.2;
N10 G00 X22;
G01 Z0 F0.08;
X34;
X36 Z−1;
Z−23;
G02 X42 Z−26 R3;
G01 X50;
X52 Z−27;
N20 Z−43;
G00 X100 Z200;
M05;
M00;
T0101;
M03 S1200;
G00 X56 Z5;
G70 P10 Q20;
G00 X100 Z200;
M30;

O1112;
T0202;                       （转换加工刀具，同时系统设置工件坐标系）
M03 S600;
G00 X54 Z−35;                （刀具快速移至加工起点）
G75 R0.5;                    （切槽加工循环指令）
G75 X46 P2000 F0.05;
G01 W−1;
G75 R0.5;                    （槽加宽 1mm）
G75 X46 P2000 F0.05;
G00 X80;
Z200;
M30;

O1113;
T0303;
M03 S800;
```

```
G00 X19 Z3；
G71 U1.5 R0.5；
G71 P10 Q20 U−0.3 W0 F0.1；
N10 G01 X28；
Z0；
X26.4 Z−1；
N20 Z−21；
G70 P10 Q20；
G00 Z100；
X80；
M30；

O1114；
T0707；
M03 S400；
G00 X25 Z3；
G92 X26.84 Z−19 F1.5；
X27.44；
X27.84；
X28；
G00 Z200；
X80；
M30；

01115；
T0101；
M03 S800；
G00 X56 Z5；
G71 U2 R0.5；
G71 P10 Q20 U0.3 W0 F0.2；
N10 G00 X18；
G01 Z0 F0.08；
X20 Z−1；
Z−17；
X23；
Z−20；
X48；
N20 G02 X52 Z−22 R2；
G00 X100 Z200；
M05；
M00；
T0101；
M03 S1200；
G00 X56 Z5；
G70 P10 Q20；
G00 X100 Z200；
```

```
M30；

O1116；
T0202；
M03 S600；
G00 X22 Z−7；
G75 R0.5；
G75 X16 P2000 F0.05；
G01 W−1；
G75 R0.5；
G75 X16 P2000 F0.05；
G00 X80；
Z200；
M30；
```

党的二十大报告指出："我们要坚持教育优先发展、科技自立自强、人才引领驱动，加快建设教育强国、科技强国、人才强国，坚持为党育人、为国育才，全面提高人才自主培养质量，着力造就拔尖创新人才，聚天下英才而用之。"

第 2 篇　数控铣削加工

数控铣床（加工中心，带有刀库和换刀机构的数控铣床）是目前广泛采用的数控机床，有立式和卧式两种。这种数控机床功能齐全，主要用于各类较复杂的平面、曲面、齿形、内孔和壳体类工件的加工，如各类模具、样板、叶片、凸轮、连杆和箱体等，并能进行铣槽、钻/扩/铰/镗孔，尤其适合加工各种具有复杂曲线轮廓及截面的工件，特别适合进行模具加工。

第4章 数控铣床（加工中心）操作与编程

4.1 数控铣床（加工中心）安全操作规程

1．每次开机前

（1）要检查机床后面润滑油泵中的润滑油是否充裕，该处的润滑油在 ATC 动作时会随压缩空气进入气阀气缸及主轴锥孔内，达到润滑效果。若油量不足，则应及时补充；若耗油过快或过慢，则适当调节润滑油泵上的调节旋钮。

（2）检查空气压缩机是否打开，每日开机前检查气源压力是否达到 0.5MPa 以上（机床在生产厂内调试时已设定好，一般不需要调整）。

（3）检查气路三件组合之气水分离罐中是否有积水。若有，则应及时放掉，按动水气分离罐底部按钮即将水排出。若气水分离罐积水过多，则在 ATC 执行换刀动作时，会将水带入气路中，造成电磁阀阀芯及气缸锈蚀，从而产生故障。

2．开机时

开机时，首先打开总电源，然后按下 CNC 电源中的开启按钮，顺时针旋转急停旋钮。待检测完所有功能后，NC 指示绿灯亮，机床准备完毕。

3．手动操作时

手动操作时，必须时刻注意的是，在进行 X 轴、Y 轴方向的移动前，必须使 Z 轴处于抬刀位置。在移动过程中，不能只观察 CRT 屏幕中坐标位置的变化，还要观察刀具的移动。待刀具移至相应位置后，观察 CRT 屏幕进行微调。

4．编程过程中

在编程过程中，对初学者来说，尽量少用 G00 指令，尤其在 X、Y、Z 三轴联动过程中更应注意。在走空刀时，应把 Z 轴的移动与 X、Y 轴的移动分开进行，即多抬刀、少斜插。有时会因斜插时刀具碰到工件而造成刀具损坏。

5．使用计算机进行串口通信时

在使用计算机进行串口通信时，要做到"先开机床、后开计算机，先关计算机、后关机床"。避免机床在开/关的过程中由于电流的瞬间变化而冲击计算机。

6．利用 DNC 功能时

在利用 DNC（计算机与机床之间相互进行程序的输送）功能时，要注意机床的内存容量，一般从计算机向机床传输的程序总字节数应小于额定字节数。如果程序比较长，则必须采用边传输边加工的方法。

7．机床出现报警时

在机床出现报警时，要根据报警号查找原因，及时解除报警，不可直接关机，否则开机后机床仍处于报警状态。

4.2　数控铣床（加工中心）的基本操作（FANUC 0*i*-MD）

本章主要以 KDVM800 型数控加工中心（见图 4-1）为例，其控制系统为目前工业企业和学校常用的 FANUC 0*i*-MD 系统。

图 4-1　KDVM800 型数控加工中心

打开数控机床电源的常规操作步骤如下。

（1）检查数控机床的外观是否正常，如电器柜的门是否关好等。

（2）开机（按机床通电顺序通电，先强电再弱电）。

① 打开主控电源。

② 将电器柜上的旋钮开关旋至"ON"位置。

③ 打开系统电源开关。

④ 以顺时针方向转动急停旋钮。

（3）通电后检查屏幕上是否有坐标位置显示，如果有错误，则会显示相关的报警信息。

注意：在屏幕显示未全部开启之前，请不要操作系统，因为有些键可能有特殊作用，如果被按下，则会有意想不到的结果。

（4）检查电机风扇是否旋转。

通电后，屏幕上显示的多为硬件配置信息，这些信息有时会对诊断硬件错误或安装错误有帮助。

1．CRT/MDI 控制面板

FANUC 0i-MD 系统的 CRT/MDI 控制面板如图 4-2 所示。

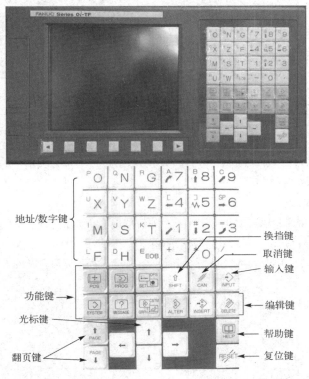

图 4-2　FANUC 0i-MD 系统的 CRT/MDI 控制面板

屏幕下面有 5 个软键（▭），通过它们可以选择对应子菜单的功能；2 个菜单扩展键（◀、▶），在菜单长度超过软键数时使用，可以显示更多的菜单项目。

（1）复位键：按此键可使数控系统复位，用来消除报警等。

（2）帮助键：按此键用来显示如何操作机床（帮助功能）。

（3）地址/数字键：按这些键可输入字母、数字及其他字符。

（4）换挡键：在有些键的顶部有两个字符，按此键来选择字符，当一个特殊字符"＾"在屏幕上显示时，表示键面左上角的字符可以输入。

（5）输入键：一般用于修改参数、补偿量输入及机床对刀数值的输入，编程不会用到。

（6）取消键：按此键可删除输入缓冲区中的最后一个字符或符号。当输入缓冲区中的数据为>X100Z_时，按取消键，字符 Z 被取消，即显示>X100。

（7）编辑键：编辑程序时按这些键。

① ：替换。

② ：插入。

③ ：删除。

（8）功能键：用于切换各种功能显示画面。

① ：显示位置画面。

连续按 ⊞键会出现 3 个画面切换的情况："绝对坐标"画面（见图 4-3）、"相对坐标"画
面（见图 4-4）、"综合显示"画面（见图 4-5）。

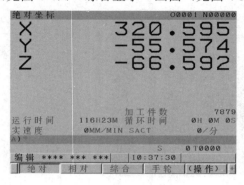

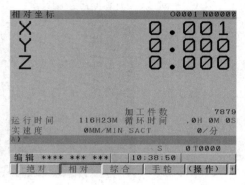

图 4-3 "绝对坐标"画面　　　　　　　　　　图 4-4 "相对坐标"画面

② ▣：显示程序画面。

连续按 ▣键会出现 2 个画面切换的情况：所有程序目录显示画面（见图 4-6）、单个程序
内容显示画面（见图 4-7）。

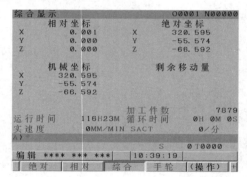

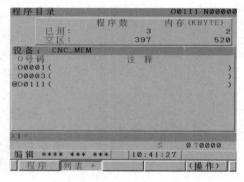

图 4-5 "综合显示"画面　　　　　　　　　　图 4-6 所有程序目录显示画面

③ ▣：显示刀偏/设定（SETTING）画面。

按 ▣键可进入刀具补偿画面（见图 4-8）、系统设定画面（见图 4-9）、"工件坐标系设定"
画面（见图 4-10）。

图 4-7 单个程序内容显示画面　　　　　　　图 4-8 刀具补偿画面

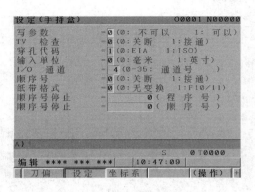

图 4-9　系统设定画面

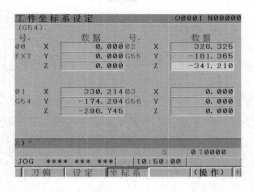

图 4-10　"工件坐标系设定"画面

④ ：显示系统参数画面。

按 键可进入"参数"画面，如图 4-11 所示。在此画面中，按"诊断"软件按钮可进入"诊断"画面，如图 4-12 所示；按"系统"软件按钮可进入"系统配置/硬件"画面，如图 4-13 所示。

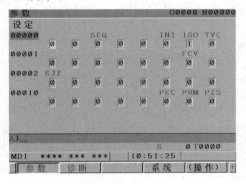

图 4-11　"参数"画面

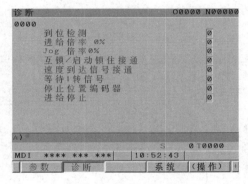

图 4-12　"诊断"画面

⑤ ：显示信息画面。

按 键可进入"报警信息"画面（加工及操作时一旦出现错误，该画面就会自动跳出），如图 4-14 所示。按"履历"软件按钮，进入"报警履历"画面，如图 4-15 所示。

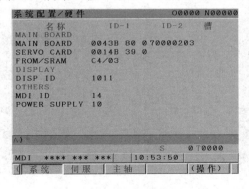

图 4-13　"系统配置/硬件"画面

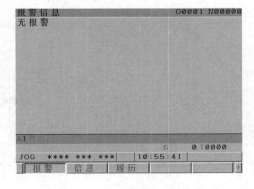

图 4-14　"报警信息"画面

⑥ ▦：显示"刀具路径图"画面。

按▦键进入"刀具路径图"画面，如图 4-16 所示。刀路图形参数设定画面如图 4-17、图 4-18 所示（图 4-18 必须在图 4-17 中按向下翻页键才能显示），图形视角显示由绘图坐标设定（例如，想观看 XYZ 三维视角轨迹图，只要将绘图坐标设定为 4，按▦键输入即可，如图 4-19、图 4-20 所示），路径图形的大小由图形参数比例设定，如图 4-21 所示。

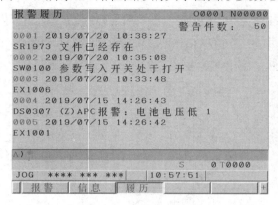

图 4-15　"报警履历"画面

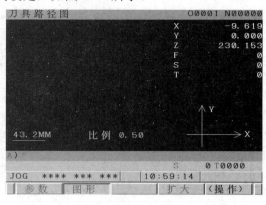

图 4-16　"刀具路径图"画面

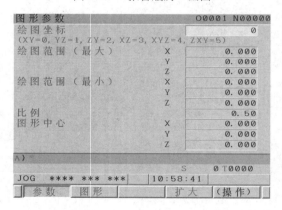

图 4-17　刀路图形参数设定画面 1

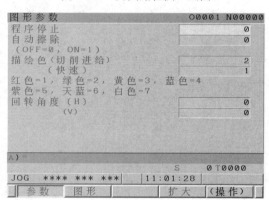

图 4-18　刀路图形参数设定画面 2

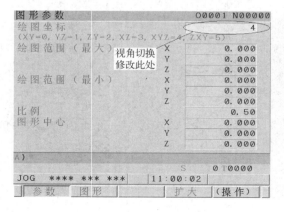

图 4-19　图形视角设定画面 1

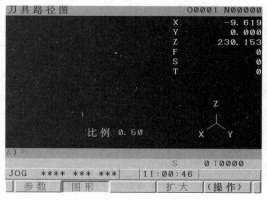

图 4-20　图形视角设定画面 2

（9）光标键。

① →：用于将光标向右或前进方向移动。

② ←：用于将光标向左或倒退方向移动。

③ ↓：用于将光标向下或前进方向移动。

④ ↑：用于将光标向上或倒退方向移动。

（10）翻页键。

① ↑PAGE：用于在屏幕上向前翻一页。

② PAGE↓：用于在屏幕上向后翻一页。

（11）外部数据输入/输出接口。

FANUC 0*i*-MD 系统的外部数据输入/输出接口有 CF 卡插槽（见图 4-22）、U 盘插口（见图 4-23）和 RS232C 数据接口（9 孔 25 针传输线，见图 4-24）。

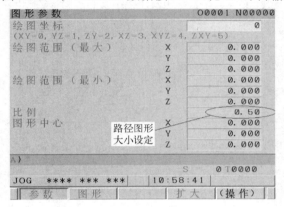

图 4-21　路径图形大小调整参数

图 4-22　CF 卡及 CF 卡插槽

图 4-23　U 盘及 U 盘插口

图 4-24　RS232C 数据接口（9 孔 25 针传输线）

2. 数控机床控制面板

本章介绍的加工中心的数控机床控制面板如图 4-25 所示。

（1）方式选择旋钮，如图 4-26 所示。

EDIT ✍：用于直接通过控制面板输入数控程序和编辑程序。

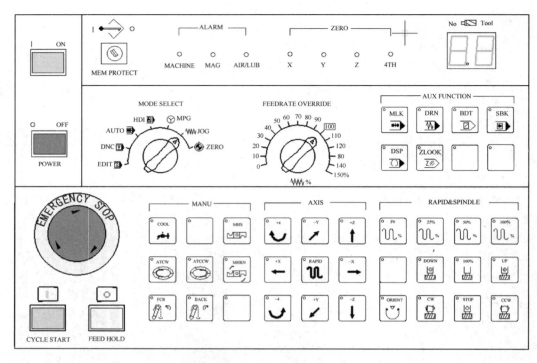

图 4-25　加工中心的数控机床控制面板

DNC⊞：直接数字控制，用于外接计算机程序的输入/输出。

AUTO⟹：进入自动加工模式。

MDI▤：手动数据输入。

⊙ MPG：手轮方式。

〰 JOG：手动方式，手动连续移动台面或刀具。

⊕ZERO：返回参考点。

（2）数控程序运行控制键。

① 单程序段 ⌷ SBK：在自动加工过程中，程序单段运行。

② 机床锁定 ⌷ MLK：加工时，机床不动作即机械坐标被锁定，但 CRT 屏幕上的其余坐标会发生变化。

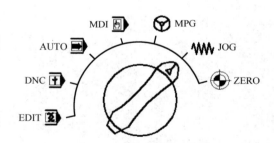

图 4-26　方式选择旋钮

③ 辅助 Z 轴锁定 ⌷ Z LOCK：Z 轴旋转被锁定。

④ 空运行 ⌷ DRN：若打开空运行功能，则机床以系统内预先设定的速度快速运行程序。

⑤ 程序跳段 ⌷ BDT：自动运行时不执行带有"/"符号的程序段。

（3）机床主轴手动控制键。

① 手动开机床主轴正转 ⌷ CW：在手动方式下按此键，主轴以最近设定的转速正转。

② 手动关机床主轴 ⌷ STOP：在手动方式下按此键，主轴停止。

③ 手动开机床主轴反转 ⌷ CCW：在手动方式下按此键，主轴以最近设定的转速反转。

（4）辅助指令说明键。

① ：按此键，以手动开启和关闭冷却系统。

② 主轴倍率修调键：

③ 进给速度倍率修调旋钮：

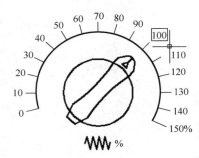

④ 快速进给倍率修调键：

（5）手轮控制。

在手轮方式下，可由控制面板上手轮的连续旋转来控制机床坐标轴连续不断地移动，当手轮旋转一个刻度时，机床坐标轴移动相应的距离，机床坐标轴移动的速度由手轮进给倍率确定。

手轮（手摇脉冲发生器）：

机床坐标轴移动控制旋钮：

机床坐标轴移动倍率控制旋钮：移动量"×1"为0.001mm，"×10"为0.01mm，"×100"为0.1mm。

方向控制键："+"表示向各坐标轴的正方向移动，"−"表示向各坐标轴的负方向移动。

（6）程序运行控制键：

CYCLE START

循环启动

FEED HOLD

进给保持

（7）系统控制键：

ON

NC启动（循环启动）

OFF

NC停止（进给保持）

（8）手动移动机床坐标轴键：

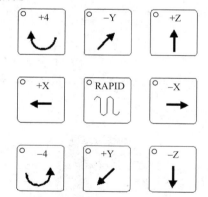

选择要移动的坐标轴，移动的正、负方向根据需要按键。中间的键为快速进给键。

3. 手动返回参考点（机床采用绝对值式测量系统时除外）

当机床采用增量式测量系统（编码器）时，一旦机床断电，其上的数控系统就失去了对参考点坐标的记忆，故当再次接通数控系统的电源时，操作者首先必须进行返回参考点的操作。另外，若机床在操作过程中使用了机床锁定功能，那么在解除该功能以后也需要进行返回参考点的操作；若遇到急停信号或超程报警信号，则待故障排除后，在恢复机床工作时，最好也要进行返回参考点的操作。操作步骤如下。

（1）将方式选择旋钮旋至ZERO。

（2）选择合适的移动倍率。

（3）按住与返回参考点相应的坐标轴键（返回参考点时必须先返回 Z 轴，再返回 X 轴和 Y 轴，否则刀具可能与工件发生碰撞），直至机床返回参考点。当机床返回参考点后，返回参考点完成指示灯点亮。

4．手动连续进给

在手动方式下，按数控机床控制面板上的手动移动机床坐标轴键，机床沿选定轴的选定方向移动。手动连续进给速度可用进给速度倍率修调旋钮来调节（手动操作通常一次移动一个轴）。此时，如果再加按 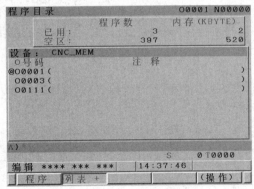 键，则机床快速移动，而这时进给速度倍率修调旋钮将无效，只能用 键来调节。

5．程序的输入、编辑和存储

（1）新程序名的建立。

前面提到，向 NC 的程序存储器中加入一个新程序名的操作称为新程序名的建立，操作步骤如下。

① 将方式选择旋钮旋至 EDIT 。

② 将程序保护钥匙开关 置"解除"位。

③ 按 键，将屏幕切换到"程序目录"画面，如图 4-27 所示。

④ 输入要新建的程序名，如"O0002"（该程序名不能与系统内已有的程序名相同），此时输入的内容会出现在屏幕下方，该位置称为输入缓冲区，如图 4-28 所示。

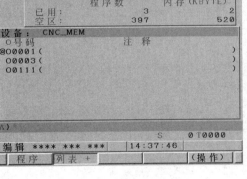

图 4-27　"程序目录"画面

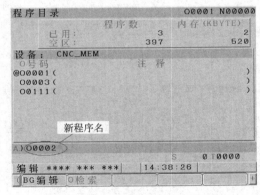

图 4-28　在输入缓冲区中输入程序名

⑤ 按 键，新程序名被输入系统，如图 4-29 所示（如果该程序名与系统内已有的程序名相同，则会出现如图 4-30 所示的报警提示）。

⑥ 输入程序段结束符。先按 键，即输入";"，如图 4-31 所示；再按 键，将";"插入程序名后，即"O0001;"。此时，一个新程序名建立完成，如图 4-32 所示。

提示

在建立新程序名时，如果直接输入"程序名" + ";"，如输入"O0002;"，如图 4-33 所示，则会出现"格式错误"报警提示，如图 4-34 所示。

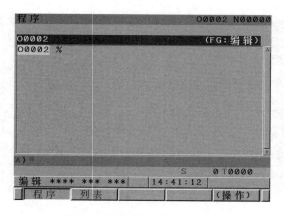

图 4-29　新程序名被输入系统

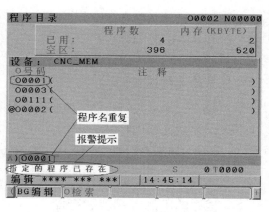

图 4-30　程序名重复报警提示

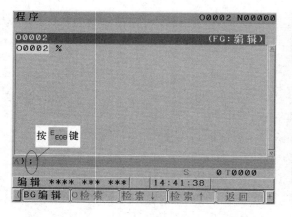

图 4-31　在输入缓冲区中输入程序段结束符

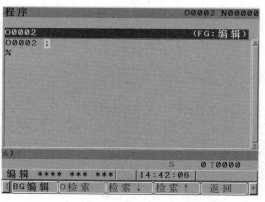

图 4-32　新程序名建立完成

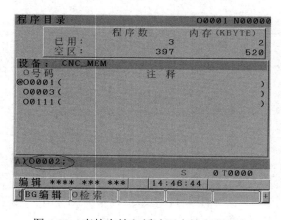

图 4-33　直接在输入缓冲区中输入程序名

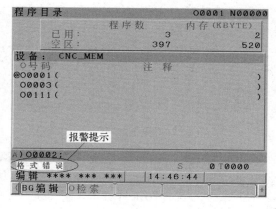

图 4-34　"格式错误"报警提示

（2）程序内容的输入。

① 按上述方式建立一个新程序名。

② 在输入程序内容时，一段程序指令输入完成后，可直接在程序段结尾加上";"，如图 4-35 所示；按 ![INSERT] 键将整段程序内容输入系统，如图 4-36 所示。

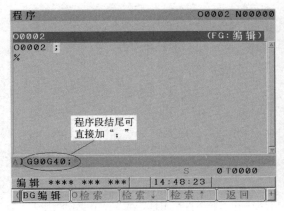

图 4-35　在输入缓冲区中输入程序内容

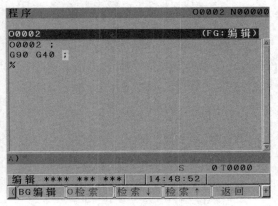

图 4-36　程序内容被输入系统

提示

在输入程序内容时，不仅可以一整段一整段地输入，还可以多段程序一起输入（只要输入缓冲区放得下），如图 4-37 所示，输入完成后按 键，程序会自动按段排列，如图 4-38 所示。

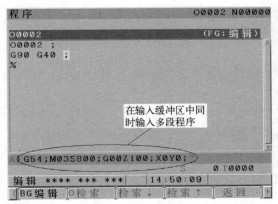

图 4-37　在输入缓冲区中同时输入多段程序

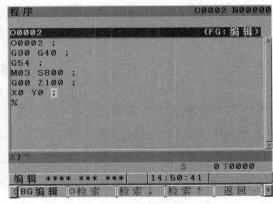

图 4-38　程序自动按段排列

（3）检索并调出程序（有两种方法）。

第一种方法的操作步骤如下。

① 将方式选择旋钮旋至 EDIT 。

② 按 键。

③ 输入地址 O（按 O 键）。

④ 输入被检索程序的程序名，如 "O0111"，如图 4-39 所示。

⑤ 按向上或向下光标移动键（一般用向下光标移动键）。

⑥ 检索完毕，被检索程序会显示在屏幕上，如图 4-40 所示。如果没有找到指定的程序，则会出现报警提示。

第二种方法的操作步骤如下。

① 将方式选择旋钮旋至 EDIT 。

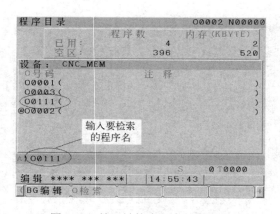

图 4-39　输入被检索程序的程序名

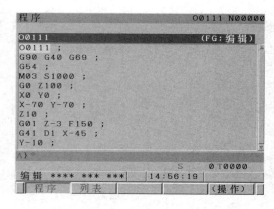

图 4-40　显示被检索程序（检索并调出程序）

② 按⊡键。

③ 输入地址 O（按 O 键）。

④ 输入被检索程序的程序名，如"O0111"，如图 4-41 所示。

⑤ 按"O 检索"软件按钮，程序被调出，如图 4-41 所示。

（4）插入一段程序。

输入或编辑程序的操作步骤如下。

① 将方式选择旋钮旋至 EDIT ⊡。

② 按⊡键。

③ 调出需要编辑或输入的程序。

④ 使用翻页键和光标移动键将光标移至插入位置的前一个字符处，如在 O0111 程序的"Z-3"后面插入指令"F100"，如图 4-42 所示。

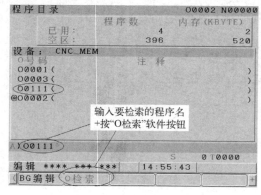

图 4-41　程序名检索画面

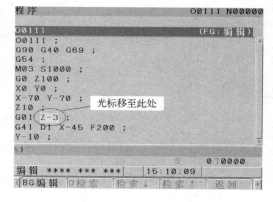

图 4-42　光标位置显示画面（插入一段程序）

⑤ 在输入缓冲区中输入需要插入的内容"F100"，如图 4-43 所示。

⑥ 按⊡键，输入缓冲区中的内容被插入光标所在字符的后面，如图 4-44 所示。

🗒 提示

当在输入缓冲区中输入的内容出现错误而需要修改时，使用⌫键将其中的字符从右向左一个一个地删除，如图 4-45、图 4-46 所示。

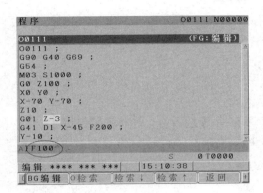

图 4-43　在输入缓冲区中输入需要插入的内容　　图 4-44　内容插入后的画面

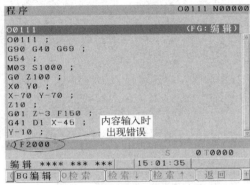

图 4-45　内容输入时出现错误　　图 4-46　错误字符的删除

（5）修改一个字符。

① 将方式选择旋钮旋至 EDIT 🖪。

② 调出需要编辑或输入的程序。

③ 使用翻页键和光标移动键将光标移至需要修改的字符处，如将"F150"修改成"F100"，如图 4-47 所示。

④ 在输入缓冲区中输入替换内容，可以是一个字符，也可以是几个字符甚至几个程序段，如图 4-48 所示。

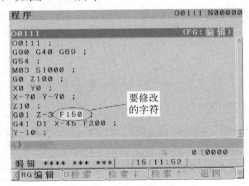

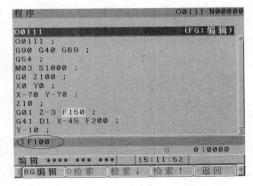

图 4-47　光标位置显示画面（修改一个字符）　　图 4-48　在输入缓冲区中输入替换内容

⑤ 按 ALTER 键，光标所在位置的字符被输入缓冲区中的内容替换，如图 4-49 所示。

（6）删除程序段。

① 将方式选择旋钮旋至 EDIT 📧。

② 按 PROG 键。

③ 调出需要删除的程序。

④ 使用翻页键和光标移动键将光标移至要删除程序段的首端，按屏幕右下角的"+"扩展按钮（删除的程序段从 X–70 开始到 F100；结束），如图 4-50 所示。

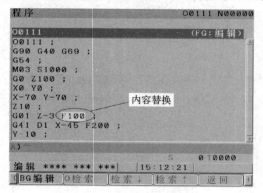

图 4-49　内容替换后的画面

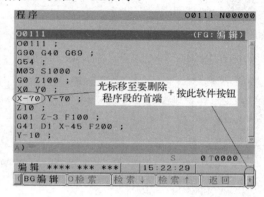

图 4-50　光标位置显示画面删除程序段

⑤ 按"选择"软件按钮，如图 4-51 所示。

⑥ 使用光标移动键"↓""→"将要删除的程序段标记出来，如图 4-52 所示。

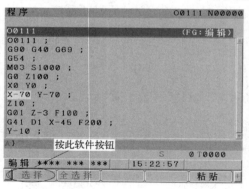

图 4-51　按"选择"软件按钮

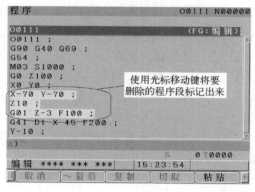

图 4-52　标记要删除的程序段

⑦ 按 DELETE 键，光标所标记的程序段被删除，如图 4-53 所示。

（7）删除整个程序。

① 将方式选择旋钮旋至 EDIT 📧。

② 按 PROG 键，将屏幕切换到"程序目录"画面，要删除目录中的程序"O0003"，在输入缓冲区中输入需要删除程序的程序名"O0003"，如图 4-54 所示。

③ 按 DELETE 键，屏幕下方出现删除前的提示，如图 4-55 所示。

④ 按屏幕右下角的"执行"软件按钮，指定的程序将从程序目录中被删除，如图 4-56 所示。

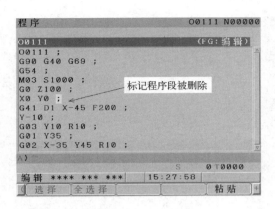

图 4-53　部分程序删除后的画面

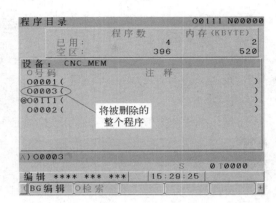

图 4-54　输入需要删除程序的程序名

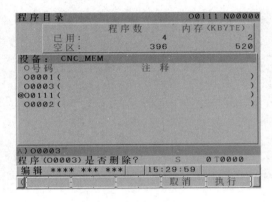

图 4-55　删除前的提示（删除整个程序）

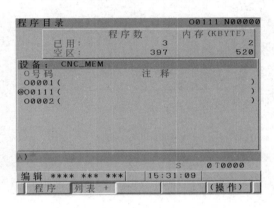

图 4-56　O0003 被删除后的画面

（8）删除全部程序。

① 将方式选择旋钮旋至 EDIT 。

② 按 键（将显示屏幕切换至"程序目录"画面，见图 4-57）。

③ 在输入缓冲区中输入"O–9999"，按 键，此时屏幕下方出现删除前的提示，如图 4-58 所示。

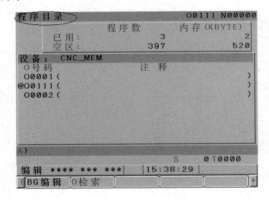

图 4-57　"程序目录"画面

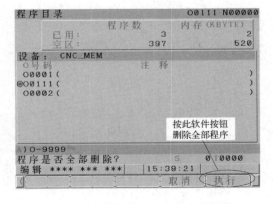

图 4-58　删除前的提示（删除全部程序）

④ 按图 4-58 中的"执行"软件按钮，全部数控程序都将被删除，如图 4-59 所示。

（9）检索一个字符。

检索如"M""X""G01""F××"等字符的操作步骤如下。

① 将方式选择旋钮旋至 EDIT。

② 按 PROG 键。

③ 调出需要被检索的程序，如图 4-60 所示。

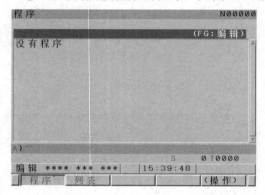
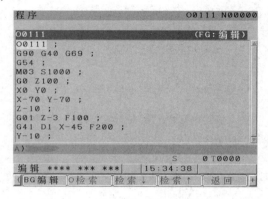

图 4-59　删除后的画面　　　　　　　图 4-60　需要被检索的程序（检索一个字符）

④ 输入需要被检索的字符，如图 4-61 所示。

⑤ 按"检索↓"软件按钮，系统向下检索；按"检索↑"软件按钮，系统向上检索。当系统检索到第一个与检索内容完全相同的字符后，停止检索并使光标停在该字符处，如图 4-62 所示。

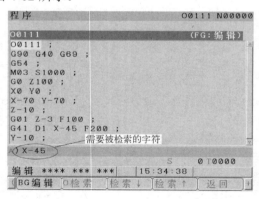
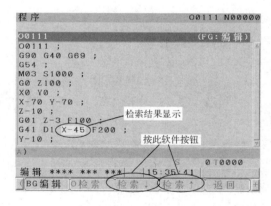

图 4-61　输入需要被检索的字符　　　　　　图 4-62　检索结果显示

（10）将 U 盘（CF 卡）内的程序输入系统。

① 将 U 盘插好，如图 4-63 所示（建议使用容量≤4GB 的 U 盘）。

② 将方式选择旋钮旋至 MDI。

③ 按 键（按"设定"软件按钮，将屏幕显示切换至如图 4-64 所示的画面）。

④ 将 I/O 通道数值改为 17（将光标移至"I/O 通道"编辑框中，在输入缓冲区中输入"17"，按 INPUT 键），如图 4-65 所示。

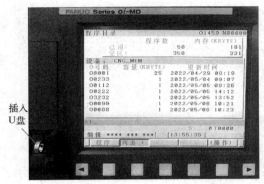

图 4-63　插入 U 盘

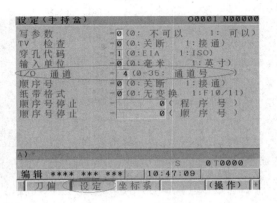

图 4-64　I/O 通道设置

⑤ 将方式选择旋钮旋至 EDIT 🔲，按 "列表+" 软件按钮，如图 4-66 所示；按 "（操作）" 软件按钮，如图 4-67 所示；按 "+" 扩展按钮，如图 4-68 所示；按 "设备" 软件按钮，如图 4-69 所示；按 "USB MEM" 软件按钮，如图 4-70 所示，出现 U 盘目录画面，如图 4-71 所示。

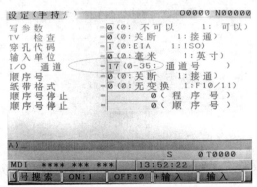

图 4-65　I/O 通道数值

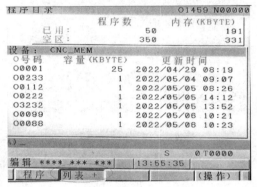

图 4-66　按 "列表+" 软件按钮

图 4-67　按 "（操作）" 软件按钮

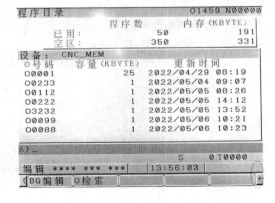

图 4-68　按 "+" 扩展按钮

 提示

在退出 U 盘返回数控系统画面时，需要按 "CNCMEM" 软件按钮，如图 4-72 所示。

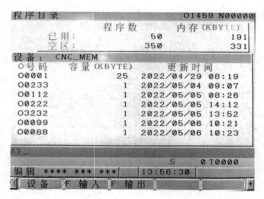

图 4-69 按"设备"软件按钮

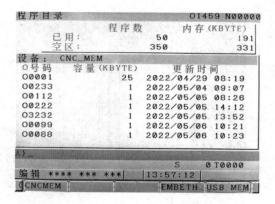

图 4-70 按"USB MEM"软件按钮

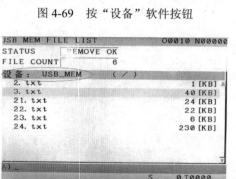

图 4-71 U 盘目录画面

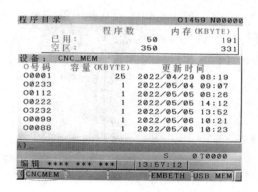

图 4-72 按"CNCMEM"软件按钮

⑥ 将光标移至需要从 U 盘输入数控系统的文件名上，按"F 输入"软件按钮，如图 4-73 所示，进入如图 4-74 所示的画面。

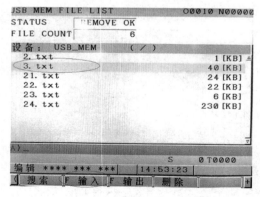

图 4-73 选择 U 盘内程序画面

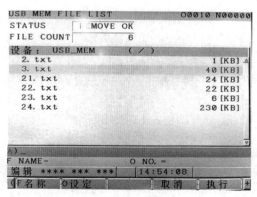

图 4-74 U 盘程序输入画面 1

⑦ 按"+"扩展按钮，如图 4-75 所示；按"F 取得"软件按钮，如图 4-76 所示，此时光标所在的文件名被输入输入缓冲区，如图 4-77 所示；再次按"+"扩展按钮，进入如图 4-78 所示的画面，按"F 名称"软件按钮，输入缓冲区中的文件名被输入如图 4-79 所示的位置。

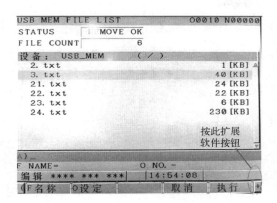

图 4-75　U 盘程序输入画面 2

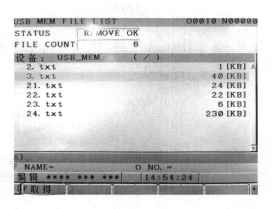

图 4-76　U 盘程序输入画面 3

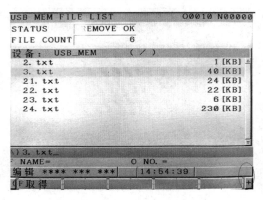

图 4-77　U 盘程序输入画面 4

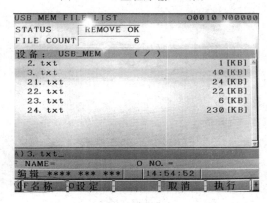

图 4-78　U 盘程序输入画面 5

⑧ 在输入缓冲区中输入一个自定义的由 4 位数字组成的程序名（把选中的那个 U 盘程序以这次自定义的程序名保存到数控系统中），如图 4-80 所示；按"O 设定"软件按钮，如图 4-81 所示。此时，自定义的新程序名被输入如图 4-82 所示的位置。

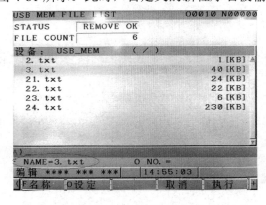

图 4-79　U 盘程序输入画面 6

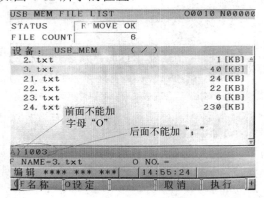

图 4-80　U 盘程序输入画面 7

⑨ 按"执行"软件按钮，如图 4-83 所示，将 U 盘内的程序输入数控系统。

⑩ 按"CNCMEM"软件按钮，如图 4-84 所示，退出 U 盘，屏幕切换到机床数控系统画面。此时，在系统"程序目录"画面中，刚刚输入的程序已在目录中，如图 4-85 所示。

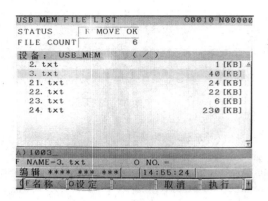

图 4-81　U 盘程序输入画面 8

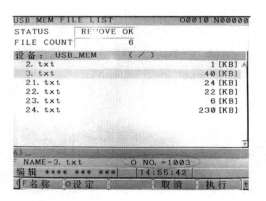

图 4-82　U 盘程序输入画面 9

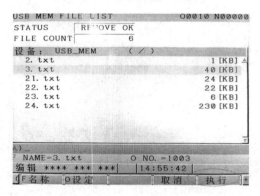

图 4-83　U 盘程序输入画面 10

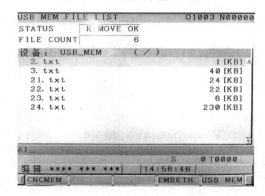

图 4-84　U 盘程序输入画面 11

6. 自动加工

（1）在 EDIT 功能模式下选择并打开要加工运行的程序，将光标移至程序开始位置。

（2）将方式选择旋钮旋至 AUTO。

（3）按　键，程序开始运行。

（4）在程序自动运行时，可以按"检测"软件按钮，如图 4-86 所示，切换至"程序（检查）"画面，以便观察刀具及程序的行程，如图 4-87 所示。

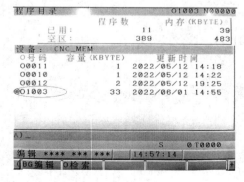

图 4-85　程序输入完成画面

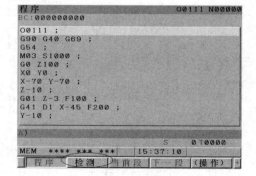

图 4-86　"程序"画面

提示

在按 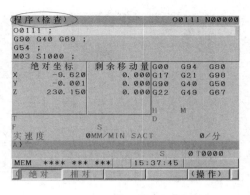 键前，所有有关加工的准备和检查工作必须都已经完成。

7．在 MDI 方式下执行可编程指令

在 MDI 方式下，可以从控制面板上直接输入并运行单个（或几个）程序段，被输入并运行的程序段不会被存入程序存储器中。

例如，在 MDI 方式下输入并运行程序段"M03 S1000；"的操作步骤如下。

（1）将方式选择旋钮旋至 MDI ⟐ 。

（2）按 ⟐ 键，屏幕显示"程序（MDI）"画面，如图 4-88 所示。

（3）在输入缓冲区中输入"M03S1000；"，如图 4-89 所示。

图 4-87　"程序（检查）"画面

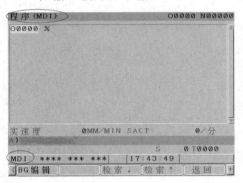

图 4-88　"程序（MDI）"画面

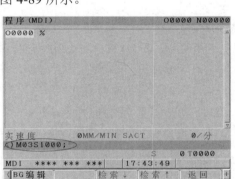

图 4-89　在输入缓冲区中输入相应的内容

（4）按 ⟐ 键，将输入缓冲区中的内容输入系统，如图 4-90 所示。

（5）按控制面板上的 ⟐ 键，该指令被执行。

8．DNC 传输设定

在 DNC 方式下，通过数据线可以输入外部计算机自动生成的程序。

9．数据的显示和设定

（1）程序的显示。

当前的程序名和顺序号始终显示在屏幕的右上角，如图 4-91 所示。在除 MDI 外的其他方式下，按 ⟐ 键可以看到当前程序的显示。

在 EDIT ⟐ 方式下，按 ⟐ 键，屏幕切换到"程序目录"画面。在显示程序目录时，同时可以看到程序存储器的使用情况，如图 4-92 所示。

已用程序数：已使用的程序数量。

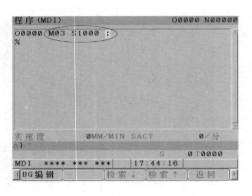

图 4-90　将输入缓冲区中的内容输入系统

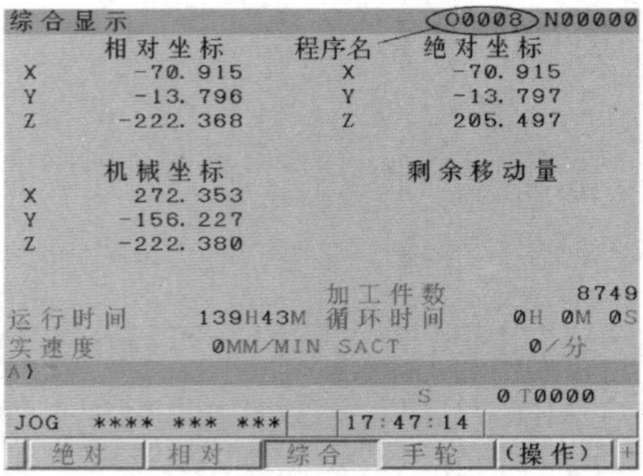

图 4-91　程序名和顺序号的显示

空区程序数：剩余可用的程序名数量。

已用内存：已使用的程序存储器空间。

空区内存：剩余可用的程序存储器空间。

（2）当前位置显示。

位置的显示方式有 3 种，分别为绝对坐标显示、相对坐标显示和机械坐标显示，如图 4-3～图 4-5 所示。

① 绝对坐标给出了刀具在工件坐标系中的位置。

② 相对坐标可以由操作复位为零，这样可以方便地建立工件坐标系。

③ 机械坐标显示工件在机床中的位置。

10. 刀具偏置值的显示和输入

（1）按 键，显示刀具偏移画面。

（2）按"刀偏"软件按钮，出现刀具的形状磨损补偿画面，如图 4-93 所示。其中，"形状（H）"用于刀具长度（高度）补偿，"形状（D）"用于刀具半径补偿；"磨损（H）"用于刀具长度方向磨损量的补偿，"磨损（D）"用于刀具半径方向磨损量的补偿。

（3）使用翻页键和光标移动键将光标移至需要修改或输入的刀具偏置号前面。

（4）输入刀具偏置值。

（5）按 键，刀具偏置值被输入系统。

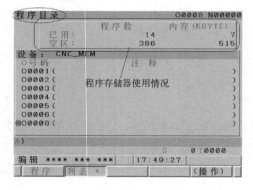

图 4-92　"程序目录"画面

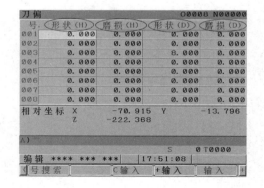

图 4-93　刀具的形状磨损补偿画面

4.3　数控铣床（加工中心）对刀

对刀同样是数控铣床（加工中心）加工中最重要的操作内容，其精度也将直接影响工件的加工精度。对刀方法一定要与工件加工精度要求相适应。

对刀的目的是通过刀具或对刀工具来确定工件坐标系原点（程序原点）在机床坐标系中的位置，并将对刀数据输入相应的存储位置或通过 G92 指令设定。

4.3.1　工件的定位与装夹（对刀前的准备工作）

数控铣床上常用的夹具有平口钳（见图 4-94）、分度头、三爪自定心卡盘和平台夹具等，经济型数控铣床装夹时一般选用平口钳。把平口钳安装在数控铣床工作台面中心，找正并固定。根据工件的高度情况，首先在平口钳钳口内放入形状合适和表面质量较好的垫铁，然后放入工件（一般是工件的基准面朝下，与垫铁面紧靠），最后拧紧平口钳。

4.3.2　对刀点、换刀点的确定及数控铣床常用的对刀方法

图 4-94　平口钳

1．对刀点的确定

对刀点是工件在机床上定位装夹后，用于确定工件坐标系在机床坐标系中位置的基准点。对刀点可选在工件上或装夹定位元件上，但对刀点与工件坐标系原点必须有准确、合理、简单的位置对应关系，以方便计算工件坐标系的原点在机床坐标系中的位置。一般来说，对刀点最好能与工件坐标系的原点重合。

2．换刀点的确定

在使用多种刀具加工的数控铣床或加工中心上，加工工件时需要经常更换刀具，换刀点应根据换刀时刀具不碰到工件、夹具和机床的原则而定。

3．数控铣床常用的对刀方法

对刀操作分为 X 向、Y 向对刀和 Z 向对刀两种。

根据使用的对刀工具不同，常用的对刀方法分为以下几种。

（1）试切对刀法。

试切对刀法简单方便，但会在工件表面留下切削痕迹，且对刀精度较低。下面以方形工件为例进行对刀。

① X 向、Y 向对刀（采用两点求中点的对刀方式）的操作步骤如下。

● 将工件通过夹具装在工作台上，装夹时，工件的 4 个侧面都应留出对刀的位置。

● 启动主轴中速旋转，选择 JOG 功能模式，手动快速移动工作台和主轴，让刀具快速移至靠近工件右侧且有一定安全距离的位置（X 向）。

- 刀具靠近工件后，选择 MPG 功能模式，改用手轮微调操作（移动倍率切换至"×10"挡），让刀具慢慢接近工件右侧，当刀具恰好接触到工件右侧表面（观察，听切削声音、看切痕、看切屑，只要出现其中一种情况就表示刀具接触到工件）时，回退 0.01mm。记下此时机床屏幕显示的 X 轴机械坐标值，如 385.847，如图 4-95 所示。
- 刀具沿 Z 轴的正方向退至工件表面以上，用与上面相同的方法使刀具接触工件的左侧表面，记下此时机床屏幕显示的 X 轴机械坐标值，如 285.787，如图 4-96 所示。

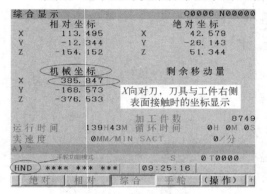

图 4-95　X 轴机械坐标值显示 1　　　　图 4-96　X 轴机械坐标值显示 2

- 通过计算得出工件在机床坐标系中的 X 轴中心坐标值，计算方法为

$$(385.847 + 285.787)/2 = 335.817$$

- 按控制面板上的键，进入"工件坐标系设定"画面，如图 4-97 所示。
- 在输入缓冲区中输入计算结果"335.817"，如图 4-98 所示。按控制面板上的键或按屏幕右下角的"输入"软件按钮，将数值输入机床工件坐标系存储地址 G54 中，如图 4-99 所示（使用 G54～G59 来存储对刀数值，本例以 G54 为例）。

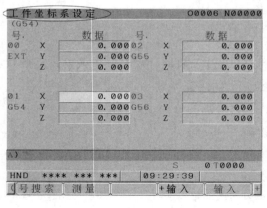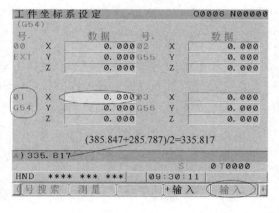

图 4-97　"工件坐标系设定"画面　　　　图 4-98　在输入缓冲区中输入计算结果

- 同理，可测得工件在机床坐标系中的 Y 轴中心坐标值。
- ② Z 向对刀的操作步骤如下。
- 选择 JOG 功能模式，将刀具快速移动至工件上方。

● 启动主轴中速旋转，让刀具快速移至靠近工件上表面且有一定安全距离的位置。
● 选择 MPG 功能模式，改用手轮微调操作，让刀具横刃慢慢接近工件表面（注意：刀具横刃接触工件表面的地方最好是加工时要被铣削掉的部分），当刀具横刃恰好碰到工件上表面时，记下机床屏幕显示的 Z 轴机械坐标值，如−394.413，如图 4-100 所示。

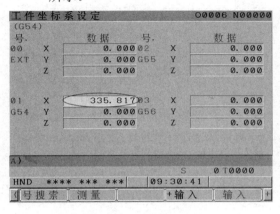

图 4-99　对刀数值的输入

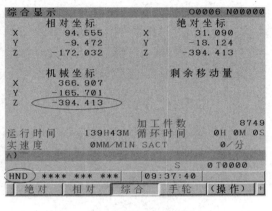

图 4-100　Z 轴机械坐标值

● 按控制面板上的键，进入"工件坐标系设定"画面，将光标移至 Z 轴数值输入处，如图 4-101 所示。
● 输入"−394.413"，如图 4-102 所示，按控制面板上的键或按"输入"软件按钮，将计算得到的数值输入机床工件坐标系存储地址 G54 中，如图 4-103 所示。

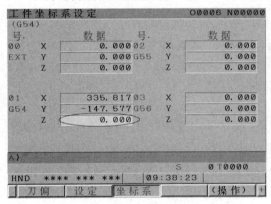

图 4-101　将光标移至 Z 轴数值输入处

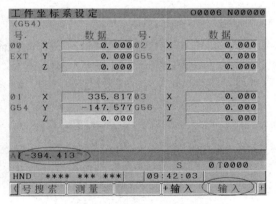

图 4-102　Z 向对刀数值的输入

📖 提示

Z 向对刀时还有另一种输入方法：当刀具横刃恰好碰到工件上表面时，屏幕切换到"工件坐标系设定"画面，如图 4-104 所示；在输入缓冲区中输入"Z0"，按"测量"软件按钮，如图 4-105 所示，此时，数值"−394.413"被输入系统，如图 4-106 所示。

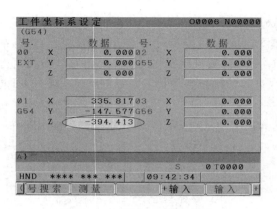

图 4-103　存储 Z 向对刀数值

图 4-104　Z 向对刀数值存储处

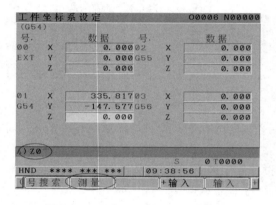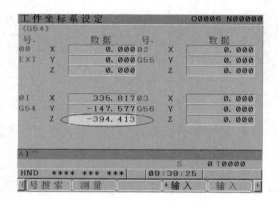

图 4-105　Z 向对刀数值的指令输入

图 4-106　Z 向对刀数值被输入系统

（2）采用光电寻边器、偏心寻边器和 Z 轴设定器等工具的对刀法。

光电寻边器、偏心寻边器用于对工件进行 X 向、Y 向对刀，操作步骤与试切对刀法相似，只是将刀具换成光电寻边器[见图 4-107（a）]或偏心寻边器[见图 4-107（b）]。

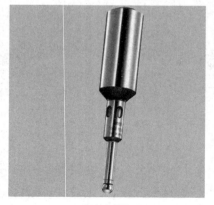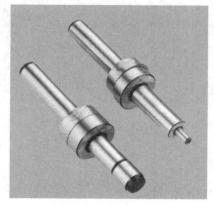

（a）光电寻边器

（b）偏心寻边器

图 4-107　寻边器

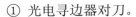

① 光电寻边器对刀。

在使用光电寻边器时必须小心，让其钢球部位与工件轻微接触，同时被加工工件必须是良导体，且定位基准面有较好的表面粗糙度。使用光电寻边器的对刀操作步骤如下。

- 机床主轴必须保持停止状态，手动快速移动工作台和主轴，首先让光电寻边器快速移至靠近工件左侧且有一定安全距离的位置，然后降低速度将其移至接近工件左侧（X 向）。
- 靠近工件后改用手轮微调操作，先将手轮移动倍率调至"×100"，让光电寻边器慢慢接近工件左侧，直至光电寻边器发光，反方向退出光电寻边器，使二极管灯灭；再将手轮移动倍率调至"×10"，让光电寻边器慢慢接近工件左侧，直至光电寻边器发光，再次反方向退出光电寻边器，使二极管灯灭；最后将手轮移动倍率调至"×1"，让光电寻边器慢慢接近工件左侧，直至光电寻边器发光，记下此时机械坐标系中显示的 X 轴机械坐标值。
- 沿 Z 轴的正方向将光电寻边器退至工件表面以上，用同样的方法接近工件右侧，记下此时机械坐标系中显示的 X 轴机械坐标值。
- 参照试切对刀法的方法计算出 X 轴工件坐标系原点。
- 输入方法与试切对刀法相同。

② 偏心寻边器对刀。

因为使用偏心寻边器完全依赖操作者的眼睛来判断，所以对操作者来说有一定的难度。使用偏心寻边器的对刀操作步骤如下。

- 启动主轴，使偏心寻边器偏心旋转（转速不高于 500r/min 为佳），先手动快速移动工作台和主轴，让偏心寻边器快速移至靠近工件左侧且有一定安全距离的位置；再降低转速，将偏心寻边器移至接近工件左侧（X 向）。
- 靠近工件后改用手轮微调操作，让偏心寻边器慢慢接近工件左侧，观察偏心寻边器的偏心动向，直至偏心消除，记下此时机械坐标系中显示的 X 轴机械坐标值。
- 沿 Z 轴正方向将偏心寻边器退至工件表面以上，用同样的方法接近工件右侧，记下此时机械坐标系中显示的 X 轴机械坐标值。操作演示如图 4-108 所示。
- 参照试切对刀法的方法计算出 X 轴工件坐标系原点。
- 输入方法与试切对刀法相同。

③ Z 轴设定器 Z 向对刀。

加工一个工件常常需要用多把刀，而第二把刀的长度与第一把刀的装刀长度不同，需要重新对零，但有时零点被加工掉，无法直接找回零点，或者不允许破坏已加工好的表面，还有某些刀具或场合不容易直接对刀。这时可采用间接找"零"的方法。常用的 Z 轴设定器有带表式和发光式两种，如图 4-109 所示。下面以发光式 Z 轴设定器为例。

- 把 Z 轴设定器放在工件上表面（对于其他方法，如放在机床工作台的平整台面上或平口钳的上表面，还要测出工件上表面与 Z 轴设定器上表面之间的距离）。
- 在手轮方式下，利用手轮移动工作台至合适位置，并向下移动主轴，让刀具端面靠近 Z 轴设定器上表面。
- 改用手轮微调操作，让刀具前端面慢慢接触 Z 轴设定器上表面，直至其发光二极管变亮。
- 记下此时机械坐标系中的 Z 轴机械坐标值，如–250.800。

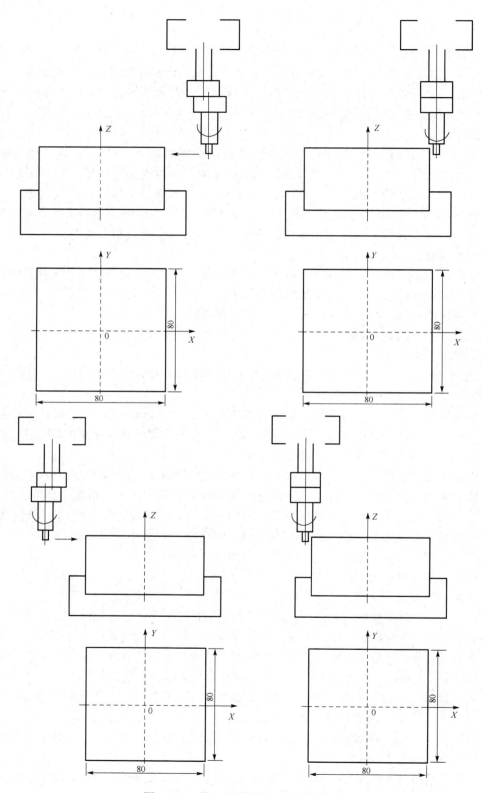

图 4-108　偏心寻边器的对刀操作演示

（a）带表式　　　　　　　（b）发光式

图 4-109　Z 轴设定器

- 若 Z 轴设定器的高度为 50mm，则工件坐标系原点在机械坐标系中的 Z 坐标值为 −250.800−50 = −300.800，将其输入机械坐标系存储地址中。
- 抬高主轴，取下第一把刀。
- 对于第二把刀，与第一把刀的对刀方法相同，这样又得到一个新的 Z 坐标值，这个新的 Z 坐标值就是我们要找的第二把刀对应的工件原点的实际机械坐标，加工时将它输入第二把刀的 G5*工作坐标中。这样，就设定好了第二把刀的零点。其余刀的对刀方法与第二把刀的对刀方法相同。

📒 提示

　　如果几把刀使用同一 G5*，则步骤可改为将机床工件坐标系存储地址中的 Z 坐标值改为 0，如图 4-110 所示，把几把刀的 Z 向对刀数值输入在"刀偏"画面的"形状（H）"参数里，如图 4-111 所示。使用时通过调用刀具长度补偿指令 G43/G44 Z××H××即可。以图 4-112、图 4-113 为例，将 Z 向对刀数值−387.223 输入"号"为 004 的"形状（H）"空栏中。因此编程时写 G43 Z×× H04。刀具长度补偿 G43/G44 指令的用法将在后面详细讲解。

图 4-110　"工件坐标系设定"画面　　　　　　图 4-111　Z 向对刀数值输入处

（3）顶尖对刀法。

顶尖对刀方法因为是目测的，所以适用于工件较大且对精度要求不高的场合。

① X 向、Y 向对刀。

- 将工件通过夹具装在机床工作台上，换上顶尖。
- 快速移动工作台和主轴，让顶尖移至靠近工件上方的位置，寻找工件画线的中心点，降低速度移动，让顶尖接近它。

刀偏				O0006 N00000
号.	形状（H）	磨损（H）	形状（D）	磨损（D）
001	-277. 124	0. 000	0. 000	0. 000
002	-335. 680	0. 000	0. 000	0. 000
003	-314. 741	0. 000	8. 000	0. 000
004	0. 000	0. 000	0. 000	0. 000
005	0. 000	0. 000	0. 000	0. 000
006	0. 000	0. 000	0. 000	0. 000
007	0. 000	0. 000	0. 000	0. 000
008	0. 000	0. 000	0. 000	0. 000

相对坐标 X   61. 075   Y   -9. 472
         Z   -172. 032

A) -387. 223

                 S   0 T0000

JOG   **** *** *** | 12:50:31 |

（ 号搜索   C输入   +输入   输入   +

图 4-112   Z 向对刀数值的输入画面

刀偏				O0006 N00000
号.	形状（H）	磨损（H）	形状（D）	磨损（D）
001	-277. 124	0. 000	0. 000	0. 000
002	-335. 680	0. 000	0. 000	0. 000
003	-314. 741	0. 000	8. 000	0. 000
004	-387. 223	0. 000	0. 000	0. 000
005	0. 000	0. 000	0. 000	0. 000
006	0. 000	0. 000	0. 000	0. 000
007	0. 000	0. 000	0. 000	0. 000
008	0. 000	0. 000	0. 000	0. 000

相对坐标 X   61. 075   Y   -9. 472
         Z   -172. 032

A)

                 S   0 T0000

JOG   **** *** *** | 12:50:58 |

（ 号搜索   C输入   +输入   输入   +

图 4-113   Z 向对刀"形状（H）"参数输入画面

● 改用手轮微调操作，让顶尖慢慢接近工件画线的中心点，直至顶尖尖点对准工件画线的中心点，记下此时机械坐标系中的 X、Y 坐标值，并将它们输入工件坐标系中。

② Z 向对刀。

卸下顶尖，装上铣刀，取得 Z 坐标值的对刀方法与前面所讲的试切对刀法一样。

（4）百分表（或千分表）对刀法。

百分表（或千分表）对刀法一般用于圆形工件的对刀。

① X 向、Y 向对刀。

如图 4-114 所示，将百分表的安装杆装在刀柄上，或者将百分表的磁性座吸在主轴套筒上；移动工作台，使主轴中心线（刀具中心）大约移到工件中心；调节磁性座上伸缩杆的长度和角度，使百分表的触头接触工件的圆周面（指针转动约 0.1mm）；用手慢慢转动主轴，使百分表的触头沿着工件的圆周面转动，观察百分表指针的偏移情况；慢慢移动工作台的 X 轴和 Y 轴，多次反复后，待转动主轴时百分表的指针基本在同一位置（当表头转动一周时，其指针的跳动量在允许的对刀误差内，如 0.02mm），这时可认为主轴的中心就是 X 轴和 Y 轴的原点。

② Z 向对刀。

卸下百分表，装上铣刀，其 Z 向对刀方法与前面所讲的试切对刀法一样。

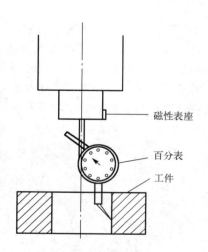

图 4-114   百分表对刀法

（5）塞尺、标准芯棒、块规对刀法。

塞尺、标准芯棒、块规对刀法与试切对刀法相似，只是对刀时主轴不转动，在刀具和工件之间加入塞尺（或标准芯棒、块规），以塞尺恰好不能自由抽动为准（注意：计算坐标时应将塞尺的厚度减去）。因为主轴不需要转动切削，所以这种方法不会在工件表面留下痕迹，但对刀精度不够高。

（6）专用对刀器对刀法。

传统对刀方法有安全性差（如塞尺对刀，硬碰硬导致刀尖易撞坏）、占用机时多（如试切对刀法需要反复切量几次）、人为带来的随机性误差大等缺点，已经适应不了数控加工的节奏，非常不利于发挥数控机床的功能。用专用对刀器对刀有对刀精度高、效率高、安全性好等优点，可以把烦琐的靠经验保证的对刀工作简单化，保证了数控机床的高效、高精度特点。专用对刀器已成为数控加工机床上解决刀具对刀问题的不可或缺的一种专用工具。由于加工任务不同，专用对刀器也千差万别，在这里就不再展开了，读者可在具体的工作中根据不同的需要设计不同的专用对刀器，以此来满足自己的加工需求。

另外，根据选择对刀点位置和数据计算方法的不同，对刀方法又可分为单边对刀法、双边对刀法、转移（间接）对刀法和分中对零对刀法（要求机床必须有相对坐标及清零功能）等。

提示

在对刀操作过程中需要注意以下问题。

（1）根据加工要求采用正确的对刀工具，控制对刀误差。

（2）在对刀过程中，可通过改变微调进给量来提高对刀精度。

（3）对刀时需要小心谨慎地操作，尤其要注意移动方向，避免发生碰撞危险。

（4）对刀数据一定要存入与程序对应的存储地址中，防止因调用错误而产生严重后果。

4.3.3　对刀启动生效并检验

检验对刀是否正确是非常关键的。

（1）将 Z 轴抬到一定的高度。

（2）在 MDI 方式下，用系统键盘输入"G5*"，按 键将其输入系统，按 键，运行 G5*，使其生效。

提示

G5*为对刀时操作者输入对刀数值的那个工件坐标系。

（3）运行完"G5*"后，用系统键盘输入"G00 X0 Y0"，按 键将其输入系统，按 键，校验 X 向、Y 向对刀。

（4）同理，用系统键盘输入"G00 Z50"，按 键将其输入系统，按 键，检验 Z 向对刀（为防止意外撞刀，Z 轴一般不输入"0"值来检验）。

4.3.4　刀具补偿值的输入和修改

根据刀具的实际尺寸和位置，将刀具半径补偿值和刀具长度补偿值输入与程序对应的存储位置。

需要注意的是，补偿的数据正确性、符号正确性及数据所在地址正确性都将影响到加工，这些数据不正确将导致撞刀危险或加工工件报废。

对刀后，在试切加工时，如果发现加工尺寸不符合加工要求，就需要修改对刀数值，可根据工件实测尺寸进行修改。

示例

用直径为 16mm（半径为 8mm）的立铣刀加工一外形轮廓，测得工件外形尺寸比要求尺寸偏小 0.04mm（单边为 0.02mm）。

（1）先按控制面板上的 键，再按"刀偏"软件按钮，进入如图 4-115 所示的"刀偏"画面。

（2）在对应的"号"里将光标移至要修改的数值处，如图 4-116 所示，在该刀具半径原有数值"8.000"的基础上，在输入缓冲区中输入"0.02"，如图 4-117 所示。

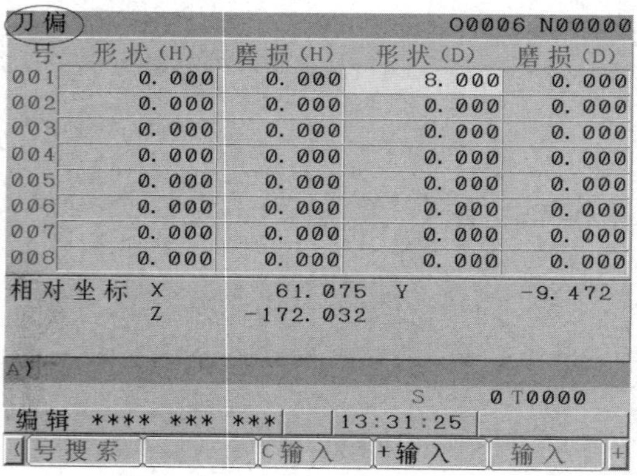

图 4-115 "刀偏"画面

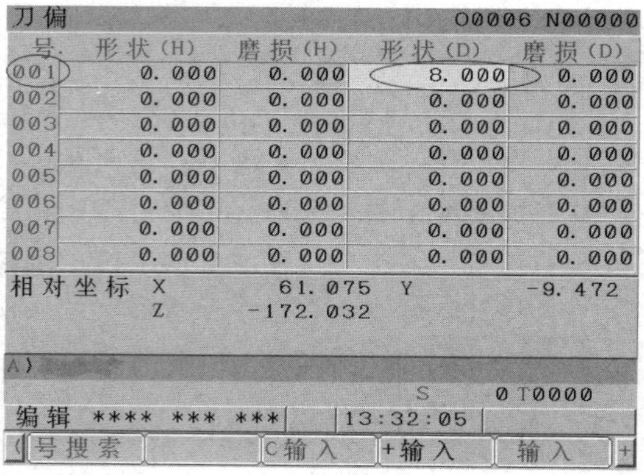

图 4-116 光标对应位置

（3）按屏幕右下角的"+输入"软件按钮，屏幕下方出现数值输入前的提示，如图 4-118 所示。

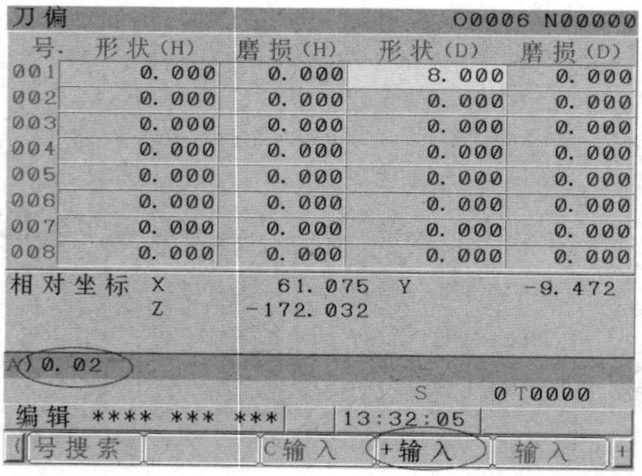

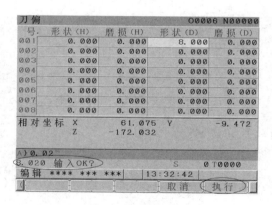

图 4-117 在输入缓冲区中输入修改值

图 4-118 数值输入前的提示

（4）按屏幕右下角的"执行"软件按钮。修改后的对刀数值如图 4-119 所示。

提示

此数值也可直接输入"磨损（D）"对应的数值处，如图 4-120 所示。在输入缓冲区中输入"0.02"，如图 4-121 所示，按"输入"软件按钮（见图 4-122）或按 键，结果如图 4-123 所示。

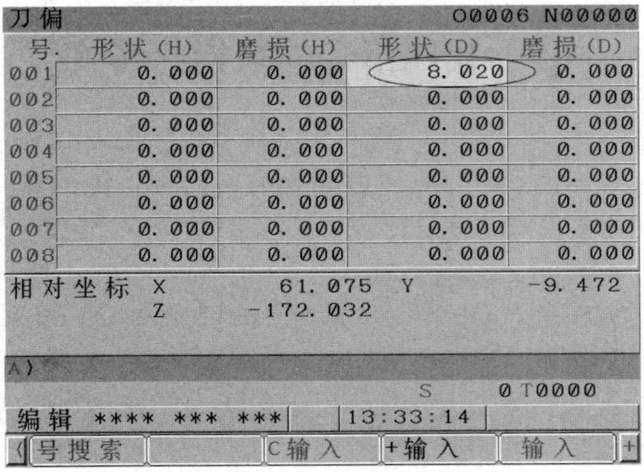

图 4-119　修改后的对刀数值

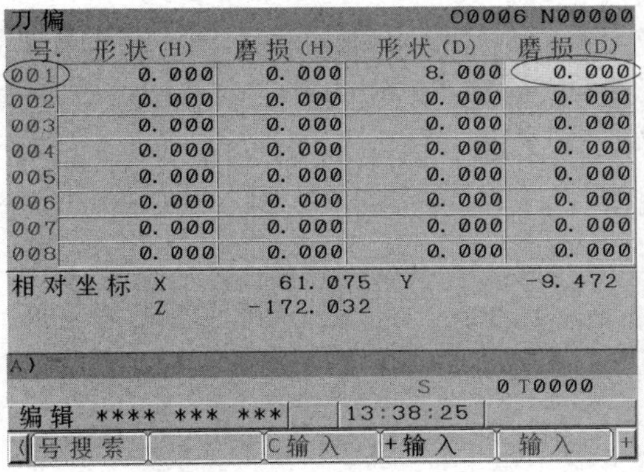

图 4-120　刀具磨损补偿画面

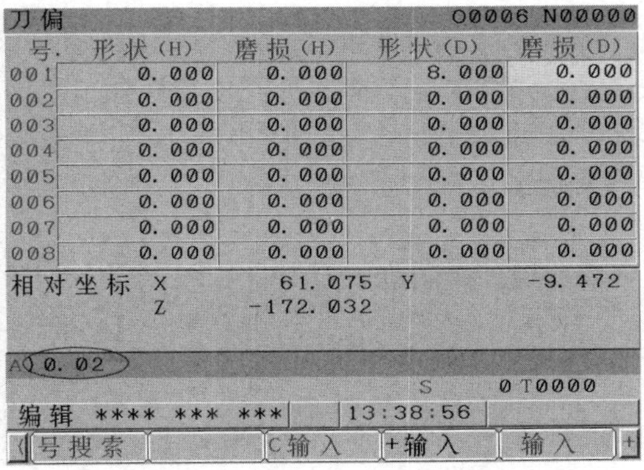

图 4-121　在输入缓冲区中输入修改值

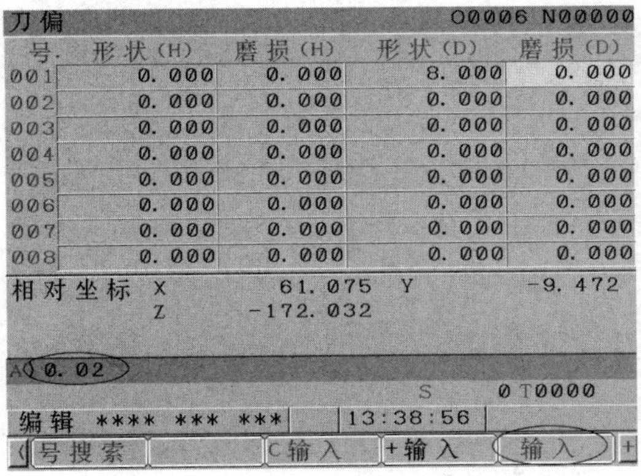

图 4-122　按"输入"软件按钮

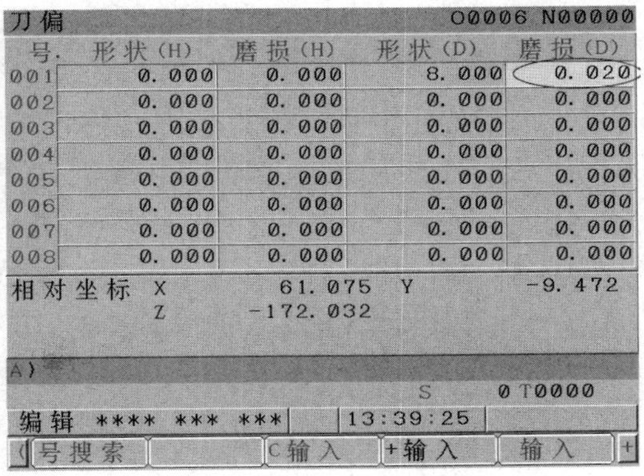

图 4-123　修改后的结果

4.4 编程指令的结构与格式

4.4.1 程序格式

通常，程序的开头是程序名，之后是加工指令程序段及程序段结束符（；），最后是程序结束指令。

（1）程序名：与数控车床部分相同，参见数控车床相关部分内容。

（2）程序段的构成如下：

数控机床的加工程序以程序字为基本单位，程序字的集合构成程序段，程序段的集合构成加工程序。加工工件的不同使数控加工程序也不同，在不同的加工程序中，有的程序段（或程序字）是必不可少的，有的是可以根据需要选择使用的。下面是一个简单的数控铣床加工程序实例：

```
O0001；
G90 G40 G69 G80；
G54；
S800 M03；
G00 Z100；
X0 Y0；
Z5；
G01 Z–8 F100；
G00 Z50；
M30；
```

从上面的程序中可以看出，程序以 O0001 开头，以 M30 结束。在数控机床上，将 O0001 称为程序名，将 M30 称为程序结束指令，将中间部分的每行（以"；"作为分行标记）称为一个程序段。

程序名、程序段、程序结束指令是加工程序必须具备的三要素。

（3）程序段顺序号：与数控车床部分相同，参见数控车床相关部分内容。

4.4.2 程序字与输入格式

与数控车床部分相同，参见数控车床程序字与输入格式部分内容。

4.4.3 准备功能

对准备功能的解释参见 1.5.1 节相关部分内容。

FANUC 0*i*-MD 数控铣床 G 代码及功能如表 4-1 所示。

表 4-1 FANUC 0*i*-MD 数控铣床 G 代码及功能

G 代码	组	功能	G 代码	组	功能
G00*		定位（快速）	G03	01	逆时针圆弧插补
G01*	01	直线插补（切削进给）	G04		暂停
G02		顺时针圆弧插补	G10	00	可编程数据输入
G11	00	可编程数据输入方式取消	G61		准确停止方式
G15*	17	极坐标插补取消方式	G62	15	自动拐角倍率
G16		极坐标插补方式	G63		攻丝方式
G17*		X_p-Y_p 平面选择	G64*		切削方式
G18	02	Z_p-X_p 平面选择	G65	00	宏程序调用
G19		Y_p-Z_p 平面选择	G66	12	宏程序模态调用
G20	06	英寸输入	G67*		宏程序模态调用取消
G21		毫米输入	G68	16	坐标旋转
G22*	09	存储行程检测功能有效	G69*		坐标旋转取消
G23		存储行程检测功能无效	G73		排屑钻孔循环
G27		返回参考点检测	G74		左旋攻丝循环
G28		返回参考点	G76		精镗复循环
G29	00	从参考点返回	G80*		固定钻循环取消
G30		返回第 2~4 参考点	G81		钻孔循环、锪镗循环
G31		跳转功能	G82		钻孔循环或反镗循环
G33	01	螺纹切削	G83	09	排屑钻孔循环
G40*		刀尖半径补偿取消	G84		攻丝循环
G41	07	刀尖半径补偿左	G85		镗孔循环
G42		刀尖半径补偿右	G86		镗孔循环
G49*	08	刀具长度补偿取消	G87		背镗循环
G50*	11	比例缩放取消	G88		镗孔循环
G51		比例缩放有效	G89		镗孔循环
G50.1*	22	可编程镜像取消	G90*	03	绝对值编程
G51.1		可编程镜像有效	G91		增量值编程
G52	00	局部坐标系设定	G92	00	设定工件坐标系或主轴最高转速控制
G53		机床坐标系选择	G92.1		工件坐标系预置
G54*		选择工件坐标系 1	G94*	05	每分钟进给
G54.1		选择附加工件坐标系	G95		每转进给
G55		选择工件坐标系 2	G96	13	恒表面速度控制
G56	14	选择工件坐标系 3	G97*		恒表面速度控制取消
G57		选择工件坐标系 4	G98*	10	固定循环返回初始点
G58		选择工件坐标系 5	G99		固定循环返回 R 点
G59		选择工件坐标系 6	—	—	—

注：带*者表示开机时会初始化的代码。

4.4.4 辅助功能

对辅助功能的解释参见 1.5.2 节相关部分内容。

FANUC 0i-MD 数控铣床（加工中心）常用的 M 代码及功能如表 4-2 所示，其余的 M 代码指令的意义由数控机床生产厂家定义，必须参照数控机床生产厂家提供的使用说明书。

表 4-2　FANUC 0i-MD 数控铣床（加工中心）常用的 M 代码及功能

序号	代码	功能	序号	代码	功能
1	M00	程序暂停	8	M07	内冷却开
2	M01	程序选择暂停	9	M08	外冷却开
3	M02	程序结束标记	10	M09	冷却关
4	M03	主轴正转	11	M19	主轴定向
5	M04	主轴反转	12	M30	程序结束，系统复位
6	M05	主轴停止	13	M98	子程序调用
7	M06	自动换刀	14	M99（M17）	子程序结束标记

1．M00（程序暂停）

参见 1.5.2 节相关部分内容。

2．M01（程序选择暂停）

参见 1.5.2 节相关部分内容。

3．M02（程序结束）

参见 1.5.2 节相关部分内容。

4．M03（主轴正转）

对于立式铣床，所谓正转，就是设定为由 Z 轴正方向向负方向看过去的方向。执行 M03 指令后，主轴以顺时针方向旋转（正转），如图 4-124（a）所示。

5．M04（主轴反转）

执行 M04 指令后，主轴沿逆时针方向旋转（反转），如图 4-124（b）所示。

6．M05（主轴停止）

参见 1.5.2 节相关部分内容。

7．M06（自动换刀）

执行 M06 指令后，机床采用自动方式换刀，由控制器命令 ATC（自动刀具交换装置）执行换刀动作。该指令不包括刀具选择功能。

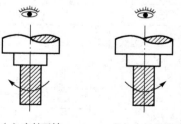

（a）主轴正转　　（b）主轴反转

图 4-124　主轴正/反转

8．M19（主轴定向）

M19 指令用于使主轴停止在预定的角度位置上。

9．M30（程序结束）

参见 1.5.2 节相关部分内容。

📋 提示

辅助功能的编程应注意的事项参见 1.5.2 节相关部分内容。

4.4.5　刀具功能

刀具功能介绍参见 1.5.3 节相关部分内容。

📋 提示

数控铣床（加工中心）的刀具功能在使用 T（2 位数法）时直接指定刀号，如 T01 表示指定 1 号刀具；而刀具补偿存储器号则由其他代码（如 D 或 H 代码）进行选择，如 D2 表示刀具半径补偿值到刀具补偿存储器的 2 号位"形状（D）"中调取，如图 4-125 所示；同理，H2 表示刀具长度（高度）补偿值到存储器的 2 号位"形状（H）"中调取，如图 4-126 所示。

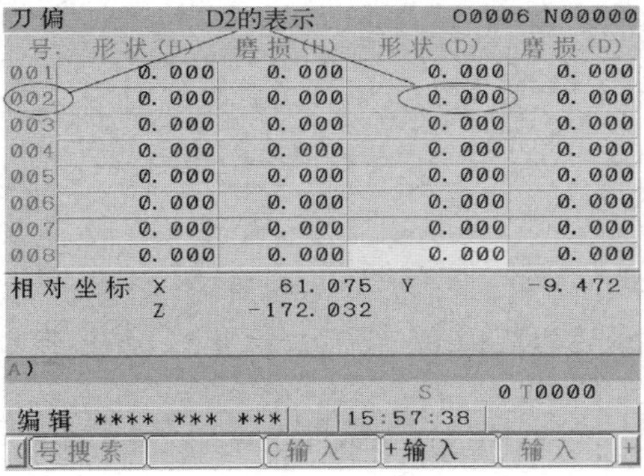

图 4-125　刀具半径补偿值的调取 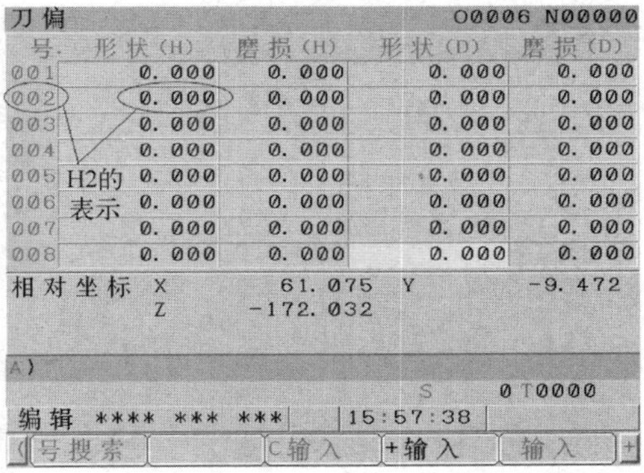　　　　　图 4-126　刀具长度补偿值的调取

4.5　常用准备功能的使用

4.5.1　常用轮廓加工 G 代码

1．增量值与绝对值（G90、G91）

在数控铣床（加工中心）机床上，刀具移动量的指定方法有绝对值和增量值两种编程方式，绝对/增量值的选择采用 G90/G91 指令。与使用变地址编程格式不同，在采用 G90/G91 指令选择绝对/增量值时，同一程序段中的所有坐标轴只能统一采用绝对值或增量值指令，如

G00 G90 X60 G91 Z40；这种编程格式是不允许的。但在不同的程序段中，G90/G91 是可以混合编程的，即以下程序段是允许的：

| N10 G00 G90 X60 Z40； | （X、Z 移至(60, 40)点处） |
| N20 G91X60 Z40； | （X、Z 增量移动(60, 40)距离） |

2．G00 快速点定位

 格式

(G90/G91) G00 X __ Y __ Z __；

其中，X、Y、Z 为移动的终点坐标值。

这个指令把刀具从当前位置移至指令指定的位置（在绝对值方式下），或者移至某个距离处（在增量值方式下）。

提示

该提示参见 1.6.2 节相关部分内容。

3．G01 直线插补

对 G01 的介绍参见 1.6.2 节相关部分内容。

 格式

(G90/G91) G01 X_ Y_ Z_ F_；

其中，F 为进给量。

提示

程序指令中加小数点与不加小数点的数值表示的意义相同。其他提示参见 1.6.2 节相关部分内容。

 示例

如图 4-127 所示，假设刀具从坐标中心开始沿着图示加工方向切削该图形。

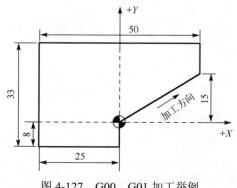

图 4-127　G00、G01 加工举例

编程如下（不考虑刀补）：

（绝对值方式）	（增量值方式）
（G90）G01 X25 Y15 F200；	G91 G01 X25 Y15 F200；
（X25）Y25；	（X0）Y10；
X–25（Y25）；	X–50（Y0）；
（X–25）Y–8；	（X0）Y–33；
X0（Y–8）；	X25（Y0）；
（X0）Y0；	（X0）Y8；

 提示

在以上程序中，括号内的指令可省略。

4．G02、G03 圆弧插补

格式

X-Y 平面上的圆弧：

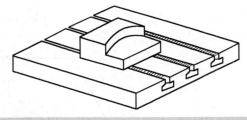

G17（G90/G91）G02/G03 X__ Y__ I__ J__ F__；
G17（G90/G91）G02/G03 X__ Y__ R__ F__；

Z-X 平面上的圆弧：

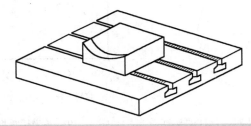

G18（G90/G91）G02/G03 Z__ X__ K__ I__ F__；
G18（G90/G91）G02/G03 Z__ X__ R__ F__；

Y-Z 平面上的圆弧：

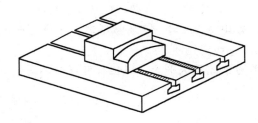

> G19（G90/G91）G02/G03 Y__ Z__ J__ K__ F__；
> G19（G90/G91）G02/G03 Y__ Z__ R__ F__；

📖 说明

G90：当以绝对值方式编程时（系统默认值可省略），指圆弧终点在工件坐标系中的坐标。

G91：当以增量值方式编程时，指圆弧终点相对于圆弧起点的位移量。

I、J、K：圆心相对于圆弧起点的增加量（等于圆心的坐标减去圆弧起点的坐标，如图 4-128 所示，I 为$(x-x_1)$；J 为$(y-y_1)$），无论是用绝对值方式还是用增量值方式编程，它们都是以增量值方式指定的。

R：圆弧半径（当切削圆弧≤180°时，R 大于 0；当切削圆弧大于 180°时，R 小于 0）。

F：被编程的两个轴的合成进给速度。

📖 提示

（1）判断顺时针或逆时针的方法：在不同平面上，其圆弧切削方向（G02 或 G03）依据右手笛卡儿坐标系，视线朝向由垂直于平面轴的正方向向负方向看，顺时针为 G02，逆时针为 G03，如图 4-129 所示。

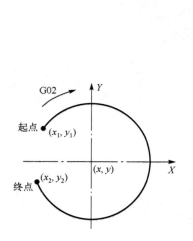

图 4-128　圆弧编程时，I、J 的计算

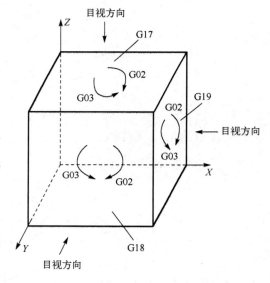

图 4-129　各坐标平面内 G02、G03 的判断

（2）I、J、K 及 R 的加工范围：

I、J、K 的加工范围是$(0°, 360°]$，R 的加工范围是$(0°, 360°)$。

（3）当同时编入 R 与 I、J、K 时，R 有效，I、J、K 无效。

（4）当计算结果为 I0 或 J0 或 K0 时，可省略不写。另外，当省略 X、Y、Z 终点坐标时，表示起点和终点为同一点，即切削整圆。

（5）G17（X-Y 平面）为系统默认平面，编程时可省略不写。

示例

用 G02/03 指令加工图 4-130 中的 $\phi60$ 凸台及 $R13$ 半圆台。

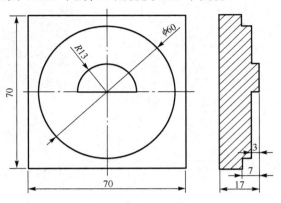

图 4-130　G02、G03 加工举例

编程如下（不考虑刀补）。

（1）在绝对值方式下（G90）进行整圆的编程：

```
...
G00 X−50 Y−40;
G01 Z−7 F100;
X−30 F200;
Y0;                                          （切线进刀）
G02 X−30 Y0 I30 J0;（整圆可简写为"G02 I30;"）  （整圆加工）
G01 Y10;                                      （切线出刀）
...
```

（2）在绝对值方式下（G90）进行半圆的编程：

```
...
G00 X0 Y−15;
G01 Z−3 F100;
Y0 F200;
X−13;
G02 X13 Y0 R13;                               （半圆加工）
G01 X0;
...
```

（3）在增量值方式下（G91）进行整圆的编程：

```
...
G91 G00 X−50 Y−40;            （假设刀具开始在 X0、Y0 处）
G01 Z−7 F100;                 （假设刀具在 Z0 处）
X20 F200;
Y40;                          （切线进刀）
G02 X0 Y0 I30 J0;（整圆可简写为"G02 I30;"）  （整圆加工）
```

```
            G01 Y10;                                    （切线出刀）
            …
```

（4）用增量坐标（G91）进行半圆的编程：

```
            …
            G91 G00 X0 Y–15;                            （假设刀具开始在 X0、Y0 处）
            G01 Z–3 F100;                               （假设刀具在 Z0 处）
            Y15 F200;
            X–13;
            G02 X26 Y0 R13;                             （半圆加工）
            G01 X–13;
            …
```

5. 任意角度倒角、拐角圆弧

 格式

在绝对值方式下：

```
   （G90）G01 X__ Y__ ,C__ F__;                       （倒角）
   （G90）G01 X__ Y__ ,R__ F__;                       （拐角圆弧过渡）
   （G90）G02/03 X__ Y__ R__ ,R__ F__;                （圆弧与圆弧过渡）
```

 说明

G90：可省略。

X、Y：夹任意角度倒角、拐角圆弧的两条直线延长线交点的绝对坐标。

C：从假想交叉点到倒角起点和倒角终点的距离。

R：拐角圆弧半径。

在增量值方式下：

```
   G91 G01 X__ Y__ ,C__ F__;
   G91 G01 X__ Y__ ,R__ F__;
   G91 G02/03 X__ Y__ R__ ,R__ F__;
```

 说明

G91：不可省略。

X、Y：夹任意角度倒角、拐角圆弧的两条直线延长线交点的增量坐标。

C：从假想交叉点到倒角起点和倒角终点的距离。

R：拐角圆弧半径。

 提示

（1）在数控铣床（加工中心）的编程加工中，任意角度倒角、拐角圆弧过渡程序段都可以任意插入下面的程序段之间。

① 在直线插补和直线插补的程序段之间。

② 在直线插补和圆弧插补的程序段之间。

③ 在圆弧插补和直线插补的程序段之间。

④ 在圆弧插补和圆弧插补的程序段之间。

（2）在倒角、倒圆弧时，",C"和",R"中的逗号需不需要由机床参数来设定。

示例

（1）倒角举例。

如图 4-131 所示，已知 $C = 10$，由直线 N_2 向直线 N_1 进行任意角度倒角。由图 4-131 可知，起点坐标 X 为 55，交点处的 X 坐标为 25，试进行任意角度倒角。

程序（绝对值方式）：

```
G00 X55 Y45；
G01 X25 Y15 ,C10 F150；
X0；
```

程序（增量值方式）：

```
G00 X55 Y45；
G91 G01 X–40 Y–30 ,C10 F150；
X–25；
```

（2）拐角圆弧举例。

如图 4-132 所示，由直线 N_2 向直线 N_1 进行任意角度拐角圆弧。

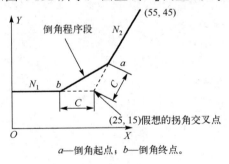

a—倒角起点；b—倒角终点。

图 4-131　倒角举例

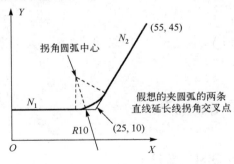

图 4-132　拐角圆弧举例

程序（绝对值方式）：

```
G00 X55 Y45；
G01 X25 Y10 ,R10 F150；
X0；
```

程序（增量值方式）：

```
G00 X55 Y45；
G91 G01 X–30 Y–35 ,R10 F150；
X–25；
```

综合示例

如图 4-133 所示，用倒角和拐角圆弧指令编写加工程序。

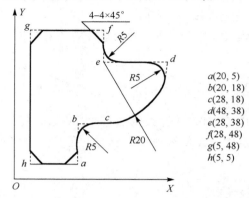

$a(20, 5)$
$b(20, 18)$
$c(28, 18)$
$d(48, 38)$
$e(28, 38)$
$f(28, 48)$
$g(5, 48)$
$h(5, 5)$

图 4-133　倒角、拐角圆弧综合举例

编程如下（不考虑刀补）：

```
...
G00 X0 Y0;
G01 X5 Y5 F150;
X20 ,C4;                  （加工 a 处倒角）
Y18 ,R5;                  （加工 b 处倒圆弧）
X28;                      （直线加工到 c 处）
G03 X48 Y38 R20, R5;      （连续加工圆弧 R20、R5）
G01 X28 ,R5;             （加工 e 处倒圆弧）
Y48 ,C4;                  （加工 f 处倒角）
X5 ,C4;                   （加工 g 处倒角）
Y5 ,C4;                   （加工 h 处倒角）
X25;                      （出刀）
G00 Z50;
...
```

6．G04（暂停）

G04 指令的用法参见数控车床部分的介绍。

7．G16/G15 极坐标编程/撤销极坐标编程

 说明

G16：极坐标编程生效。
G15：撤销极坐标编程。

提示

（1）在进行极坐标编程时，编程指令的格式、代表的意义与所选择的加工平面有关，加

工平面的选择仍然利用 G17、G18、G19 等平面选择指令实现。加工平面选定后，所选择平面的第一坐标轴地址用来指定极坐标半径；第二坐标轴地址用来指定极坐标角度，极坐标的 0° 方向为第一坐标轴的正方向。在部分系统中，极坐标半径、极坐标角度也可以采用特殊的地址。

（2）对于极坐标原点指定方式，一般将工件坐标系原点直接作为极坐标原点，有的系统可以利用局部坐标系指令（G52）建立极坐标原点。

（3）在进行极坐标编程时，利用 G90、G91 指令也可以改变尺寸的编程方式。当选择 G90 指令时，半径、角度都以绝对值的形式给定；当选择 G91 指令时，半径、角度都以增量值的形式给定。

 示例

如图 4-134 所示，利用极坐标指令来进行圆周孔的中心点定位运动。

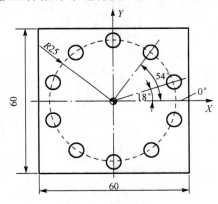

图 4-134　极坐标加工举例

编程如下：

```
    ...
    G90 G17 G16;              （绝对值方式，X-Y 平面极坐标编程生效）
    G00 X25 Y18;              （极坐标半径为 25mm，角度为 18°）
    Y54;                      （极坐标半径为 25mm，角度为 54°）
    Y90;
    Y126;
    Y162;
    Y198;
    Y234;
    Y270;
    Y306;
    Y342;
    G15;                      （撤销极坐标编程）
    G00 X0 Y0;
    M30;
```

8．G40/G41/G42 刀具半径补偿取消/左补偿/右补偿

本章前面所举的例题中都是以刀具中心点为刀尖点的，以此点沿着工件轮廓来铣削。但实际情况是刀具是有一定直径的，因此，如果用该方式来加工工件，那么必然会使加工完的工件尺寸少一个刀具直径值（外轮廓），如图 4-135 所示；或者多一个刀具直径值（内轮廓），如图 4-136 所示。为了加工出符合尺寸的工件，我们知道，只要刀具中心点向外或向内移动一个刀具半径即可，但此时所有的编程尺寸都要在图纸标注尺寸值的基础上加上或减去一个刀具半径值，因此需要操作者重新计算刀路轨迹，极不利于编程。为了减少计算，方便编程，最好能以工件图纸上的尺寸为编程路径，利用补偿指令，指令刀具自动向右或向左偏移一个刀具半径值，即操作者只需按工件的加工轮廓编写程序，机床数控系统就会根据工件轮廓几何描述和刀具半径补偿指令（G41/G42），以及实际加工中所用刀具的半径值自动完成刀具半径补偿计算，如图 4-137、图 4-138 所示。

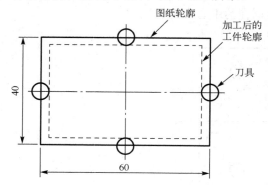

图 4-135　外轮廓加工（无刀补）

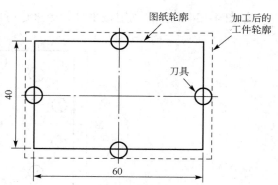

图 4-136　内轮廓加工（无刀补）

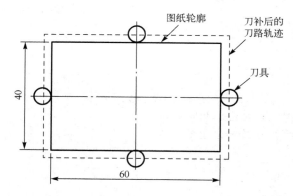

图 4-137　有刀具补偿的外轮廓加工

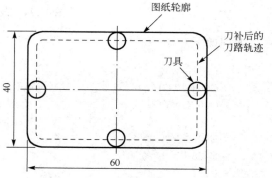

图 4-138　有刀具补偿的内轮廓加工

 格式

以 G17 平面为例：

```
G41 X__Y__D__;
G42 X__Y__D__;
G40 X__Y__;
```

说明

G41：刀具半径左补偿。此时，顺着刀具运动方向看，刀具在工件左侧进给，如图 4-139 所示。

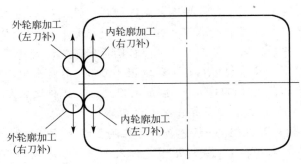

图 4-139 刀具半径的左、右补偿图示

G42：刀具半径右补偿。此时，顺着刀具运动方向看，刀具在工件右侧进给，如图 4-139 所示。

G40：取消刀具半径补偿功能。

X、Y：加工轮廓段的终点坐标。

D：刀具半径补偿存储器号。以 3 位数字表示，如 D001，可简写成 D1，表示刀具半径补偿存储器号为 1，如图 4-140 中的画圈处所示。1 号对应的"形状（D）"中的数据为 8，表示刀具半径为 8mm，如图 4-141 所示，该数据由机床操作者在加工前根据刀具的实际情况输入。

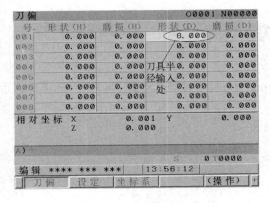

图 4-140 刀具半径补偿存储器号的定义   图 4-141 刀具半径值输入处

 提示

刀具半径补偿功能可以大大减少编程的坐标点计算工作量，使程序简单、明了，但如果使用不当，那么很容易引起刀具的干涉、过切与碰撞。为了防止出现以上问题，一般来说，在使用刀具半径补偿功能时，应注意以下几点。

（1）刀具半径补偿（G41/G42）通常建立在 G01 程序段中，而不建立在 G00 程序段中，但当需要在 G00 程序段中进行刀具半径补偿时，若系统设置了 G00 非直线型定位，则应注意刀具移动过程中的轨迹。

（2）刀具半径补偿功能的取消（G40）可以建立在 G00、G01 程序段中。

（3）为了使刀具半径补偿（G41/G42）能够顺利建立，必须结合一段刀具移动的程序指令，并且该指令的移动距离要大于刀具半径补偿存储器中设定的刀具半径值。

（4）为了使刀具半径补偿功能的取消（G40）顺利实现，也必须结合一段刀具移动的程序指令，并且该指令的移动距离要大于刀具半径补偿存储器中设定的刀具半径值。

（5）刀具半径补偿的建立（G41/G42）和取消（G40）不能出现在 G02/G03 程序段中。

（6）刀具半径补偿的建立（G41/G42）应该在刀具进入工件之前就完成。同理，刀具半径补偿功能的取消（G40）应该在刀具走出工件之后取消。

（7）在刀具半径补偿有效期间，一般不允许存在两段以上的非补偿平面内移动的程序段。因为系统在加工时的轨迹判断和生成是通过预先读入下一个程序段的移动轨迹生成的。在非补偿平面内移动的程序段包括以下几种。

① 只有 M、S、T、F 代码的程序段，如 M03 S1500。

② 暂停程序段，如 G04 X3。

③ 改变补偿平面的程序段，如 G01 Z-8 等。

（8）在刀具半径补偿有效期间，如果执行部分指令（如 G92、G28、G29），那么刀具半径补偿功能将被暂时取消，具体情况可参见数控系统操作说明书。

（9）如果刀具半径补偿存储器中的刀具半径值是负值，则加工时工件方位改变，即 G41 方位变成 G42 方位，G42 方位变成 G41 方位。

（10）在更换新的刀具前或要更改刀具半径补偿方向时，中间必须取消刀具半径补偿功能，目的是避免产生加工错误。

示例

应用刀具半径补偿功能完整编写出如图 4-142 所示的花瓶加工程序。已知刀具半径为 4mm（刀具半径补偿存储器中的刀具半径值也为 4mm，且刀具半径补偿存储器号为 001），加工起点坐标为(-50, -65)，出刀圆弧半径为 10mm，加工深度为 5mm，图示坐标原点即编程原点。

编程如下：

O0001;	（建立程序名）
G90 G40;	（绝对值方式编程，无刀具半径补偿状态）
G54;	（建立工件坐标系）
M03 S1000;	（刀具运转）
G00 Z100;	（检验 Z 向对刀）
X0 Y0;	（检验 X 向、Y 向对刀）
X-50 Y-65;	（刀具移至起点上方）
Z5;	（刀具快速向工件上表面逼近）
G01 Z-5 F100;	（刀具深度定位）
G41 D1 X-30 F150;	（结合一段直线移动程序建立刀具半径补偿）

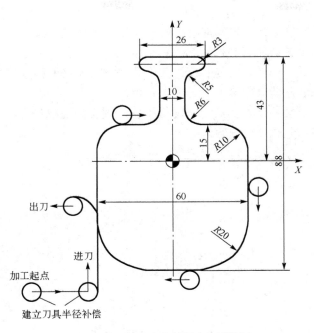

图 4-142　刀具半径补偿加工举例

Y5;	（Y 向直线进刀）
G02 X–20 Y15 R10;	（加工左端 R10 圆弧）
G01 X–11;	（X 向直线进刀）
G03 X–5 Y21 R6;	（加工左端 R6 圆弧）
G01 Y32;	（Y 向直线进刀）
G03 X–10 Y37 R5;	（加工左端 R5 圆弧）
G02 Y43 R3;	（加工左端 R3 半圆）
G01 X10;	（X 向直线进刀）
G02 Y37 R3;	（加工右端 R3 半圆）
G03 X5 Y32 R5;	（加工右端 R5 圆弧）
G01 Y21;	（Y 向直线进刀）
G03 X11 Y15 R6;	（加工右端 R6 圆弧）
G01 X20;	（X 向直线进刀）
G02 X30 Y5 R10;	（加工右端 R10 圆弧）
G01 Y–25;	（Y 向直线进刀）
G02 X10 Y–45 R20;	（加工右端 R20 圆弧）
G01 X–10;	（X 向直线进刀）
G02 X–30 Y–25 R20;	（加工左端 R20 圆弧）
G03 X–40 Y–15 R10;	（R10 圆弧出刀）
G00 Z100;	（抬刀）
G40 X0Y0;	（结合一段移动程序并取消刀具半径补偿功能）
M30;	（程序结束）

本程序在编写时也可采用 G01 倒圆弧指令格式，这留给读者自己编写。

9．G43/G44/G49 刀具长度正向补偿/负向补偿/取消

数控铣床（加工中心）在加工一个工件时，通常需要几把甚至十几把刀具才能加工完成，

在实际使用中，由于每把刀具的长度都不相同，因此利用 G43/G44 刀具长度补偿指令可以自动补偿长度差距，确保 Z 向的刀尖位置和编程位置一致。另外，有了刀具长度补偿功能，当加工中刀具因磨损、重磨、换刀而使长度发生变化时，可不必修改程序中的坐标值，只需修改存储在刀具长度补偿存储器中的刀具长度补偿值即可。

需要指出的是，刀具长度补偿功能若用得不好，则容易造成撞刀和废品事故，因此相关人员必须充分理解和掌握此部分内容。

格式

以 G17 平面为例：

```
G00/G01 G43 Z__ H__;
G00/G01 G44 Z__ H__;
...
G00/G01 G49;
```

说明

G43：刀具长度正方向补偿（G43 指令相当于"+"号）。

G44：刀具长度负方向补偿（G44 指令相当于"−"号）。

G49：取消刀具长度补偿功能。

Z：要定位到 Z 轴的坐标位置。

H：刀具长度补偿存储器号，以 3 位数字表示，如 H002，可简写成 H2，表示刀具长度补偿存储器号为 002，如图 4-143 所示。002 对应的"形状（H）"中的数据为−328.341，表示刀具长度补偿值为−328.341mm，如图 4-144 所示。该数据由机床操作者在对刀过程中输入。当用 G43 即"+"指令时，该值的系统最终计算结果为"+(−328.341) = −328.341"；当用 G44 即"−"指令时，该值的系统最终计算结果为"−(−328.341) = 328.341"。

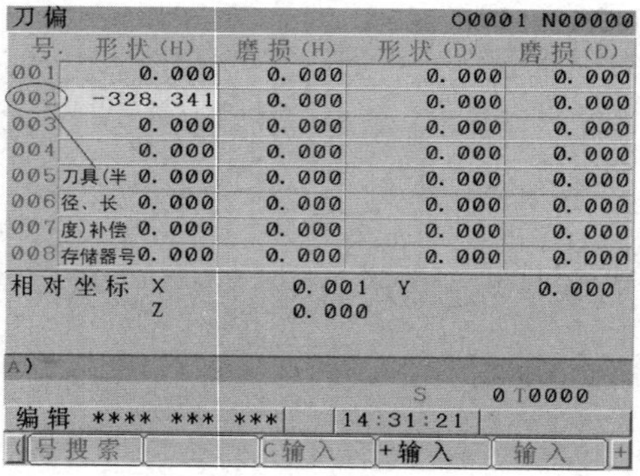

图 4-143　刀具长度补偿存储器号的定义

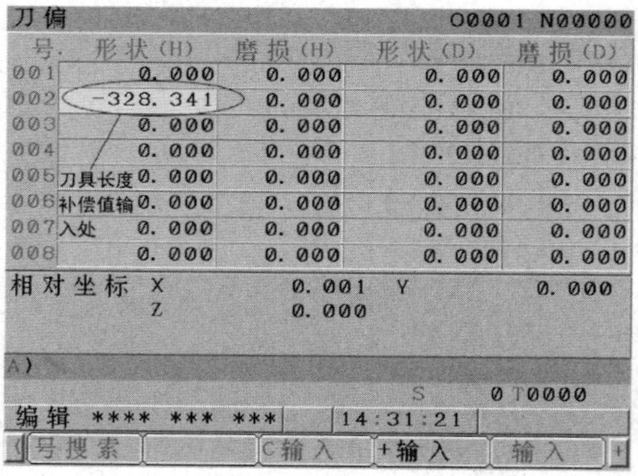

图 4-144　刀具长度补偿值输入处

提示

（1）指令 G43、形状（H）设正值等同于指令 G44、形状（H）设负值的效果，指令 G43、形状（H）设负值等同于指令 G44、形状（H）设正值的效果。

（2）为了避免指令输入或使用失误，操作者可根据自己平时的习惯采用指令 G43、形状（H）设正值或负值的方法；或者形状（H）只设正值，用指令 G43 或 G44。

（3）G43/G44 可以在固定循环的程序段中使用，刀具长度补偿同时对 Z 值和 R 值有效。

（4）在机床返回参考点时，除非使用 G27、G28、G30 等指令，否则必须取消刀具长度补偿功能。为了安全，在一把刀加工结束或程序段结束时，应取消刀具长度补偿功能。

（5）G43/G44 只对 Z 轴有效，对 X 轴、Y 轴无效。

示例

G43/G44 刀具长度正补偿/负补偿在加工中的具体使用方法一般有以下两种。

（1）方法一（在同一个工件坐标系下，以 G54 为例）：

如图 4-145 所示，加工某一工件，需要图中的 3 把刀才能完成，由图示可知，这 3 把刀的长度 Z_1、Z_2、Z_3 不相等，分别对这 3 把刀进行 Z 向对刀。现假设已知 1 号刀对刀在刀具碰到工件上表面时，系统显示的机械坐标值为 -305.780，如图 4-146 所示；2 号刀对刀在刀具碰到工件上表面时，系统显示的机械坐标值为 -385.862，如图 4-147 所示；3 号刀对刀在刀具碰到工件上表面时系统显示的机械坐标值为 -338.357，如图 4-148 所示。

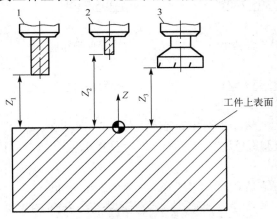

图 4-145　刀具长度补偿举例

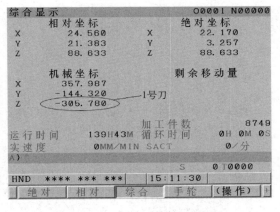

图 4-146　1 号刀 Z 向对刀数值

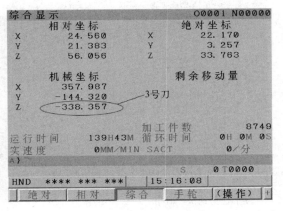

图 4-147　2 号刀 Z 向对刀数值　　　　　图 4-148　3 号刀 Z 向对刀数值

现将这3把刀的Z向对刀数值分别存储到对应的3个刀具长度补偿存储器中,如图4-149所示（也可将3个对刀数值设为+305.780、+385.862、+338.357）。在工件坐标系G54中,将"Z"值改为0,如图4-150所示,不同刀具的"Z"值是通过刀具长度补偿指令来进行数值补偿的,具体的计算为

1 号刀＝　<u>0</u>　　　　　＋　　　　　　　　<u>(−305.780)</u>　　　　　＝　　　　<u>−305.780</u>

　　　　↓　　　　　　↓　　　　　　　　　　　　↓　　　　　　　　　　　↓

G54 中的"Z"值　　　即 G43　　　刀具长度补偿存储器中的"H1"值　　　最终 Z 向坐标值

2 号刀＝　<u>0</u>　　　　　＋　　　　　　　　<u>(−385.862)</u>　　　　　＝　　　　<u>−385.862</u>

　　　　↓　　　　　　↓　　　　　　　　　　　　↓　　　　　　　　　　　↓

G54 中的"Z"值　　　即 G43　　　刀具长度补偿存储器中的"H2"值　　　最终 Z 向坐标值

3 号刀＝　<u>0</u>　　　　　＋　　　　　　　　<u>(−338.357)</u>　　　　　＝　　　　<u>−338.357</u>

　　　　↓　　　　　　↓　　　　　　　　　　　　↓　　　　　　　　　　　↓

G54 中的"Z"值　　　即 G43　　　刀具长度补偿存储器中的"H3"值　　　最终 Z 向坐标值

当寄存器中的值为正值时,具体的计算为

1 号刀＝　<u>0</u>　　　　　—　　　　　　　　<u>(305.780)</u>　　　　　＝　　　　<u>−305.780</u>

　　　　↓　　　　　　↓　　　　　　　　　　　　↓　　　　　　　　　　　↓

G54 中的"Z"值　　　即 G44　　　刀具长度补偿存储器中的"H1"值　　　最终 Z 向坐标值

2 号刀＝　<u>0</u>　　　　　—　　　　　　　　<u>(385.862)</u>　　　　　＝　　　　<u>−385.862</u>

　　　　↓　　　　　　↓　　　　　　　　　　　　↓　　　　　　　　　　　↓

G54 中的"Z"值　　　即 G44　　　刀具长度补偿存储器中的"H2"值　　　最终 Z 向坐标值

3 号刀＝　<u>0</u>　　　　　—　　　　　　　　<u>(338.357)</u>　　　　　＝　　　　<u>−338.357</u>

　　　　↓　　　　　　↓　　　　　　　　　　　　↓　　　　　　　　　　　↓

G54 中的"Z"值　　　即 G44　　　刀具长度补偿存储器中的"H3"值　　　最终 Z 向坐标值

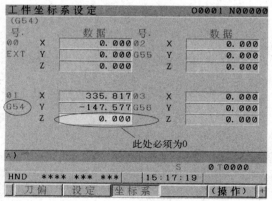

图 4-149　刀具长度补偿值输入　　　　图 4-150　刀具 Z 向工件坐标系输入值

加工时编程如下。

数控铣床程序：

```
O0002;
G90 G40 G49;
G54;                    （建立工件坐标系，只有 X 坐标、Y 坐标）
M03 S1200;
G00 G43 Z50 H01;        （建立 1 号刀 Z 轴工件坐标系，将刀具移至工件上方 50mm 处。当刀具
                        长度补偿存储器中的数值为正值时，此程序改为 "G00 G44 Z50 H01;"。
                        下面同理）

X0 Y0;
...                     （工件加工）
G00 G49 Z0;             （取消 1 号刀长度补偿功能，Z 轴返回机床原点）
M05;                    （主轴停止）
M00;                    （程序暂停，此时手工换 2 号刀）
M03 S1500;
G00 G43 Z50 H02;        （建立 2 号刀 Z 轴工件坐标系，将刀具移至工件上方 50mm 处）
...                     （工件加工）
G00 G49 Z0;             （取消 2 号刀长度补偿功能，Z 轴返回机床原点）
M05;                    （主轴停止）
M00;                    （程序暂停，此时手工换 3 号刀）
M03 S1000;
G00 G43 Z50 H03;        （建立 3 号刀 Z 轴工件坐标系，将刀具移至工件上方 50mm 处）
...                     （工件加工）
G00 G49 Z0;             （取消 3 号刀长度补偿功能，Z 轴回机床原点）
M30;                    （程序结束）
```

加工中心程序：

```
O0002;
G90 G40 G49;
G54;                    （建立工件坐标系，只有 X 坐标、Y 坐标）
G00 Z0;                 （Z 轴返回机床原点，对于一些换刀不需要返回机床原点的机床，此行可省略）
M06 T01;                （机床自动换刀）
M03 S1200;
G00 G43 Z50 H01;        （建立 1 号刀 Z 轴工件坐标系，将刀具移至工件上方 50mm 处）
X0 Y0;
...                     （工件加工）
G00 G49 Z0;             （取消 1 号刀长度补偿功能，Z 轴返回机床原点）
M05;                    （主轴停止）
M06 T02;                （机床自动换刀）
M03 S1500;
G00 G43 Z50 H02;        （建立 2 号刀 Z 轴工件坐标系，将刀具移至工件上方 50mm 处）
...                     （工件加工）
```

```
G00 G49 Z0；          （取消 2 号刀长度补偿功能，Z 轴返回机床原点）
M05；                 （主轴停止）
M06 T03；             （机床自动换刀）
M03 S1000；
G00 G43 Z50 H03；     （建立 3 号刀 Z 轴工件坐标系，将刀具移至工件上方 50mm 处）
…                    （工件加工）
G00 G49 Z0；          （取消 2 号刀长度补偿功能，Z 轴返回机床原点）
M30；                 （程序结束）
```

（2）方法二（在同一个工件坐标系下，以 G54 为例）：

只要把其中一把刀的 Z 值设为基准值，其余各把刀相对于基准刀的数值差通过设置长度补偿的方法来实现。

已知上例中 3 把刀的 Z 向对刀数值分别为 −305.780、−385.862、−338.357，现将 1 号刀的 Z 值作为基准值直接输入"工件坐标系设定"画面的 G54 中，如图 4-151 所示。将其余两把刀与 1 号刀的数值差输入刀具长度补偿存储器中，如图 4-152 所示，用 G43 指令进行 2、3 号刀 Z 轴刀具长度补偿值的设定，具体的计算为

$$2 \text{ 号刀} = -305.780 + (-80.082) = -385.862$$

$$3 \text{ 号刀} = -305.780 + (-32.577) = -338.357$$

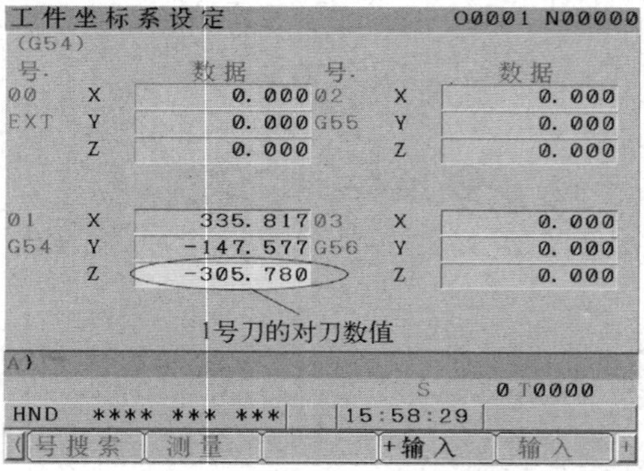

图 4-151　输入基准值

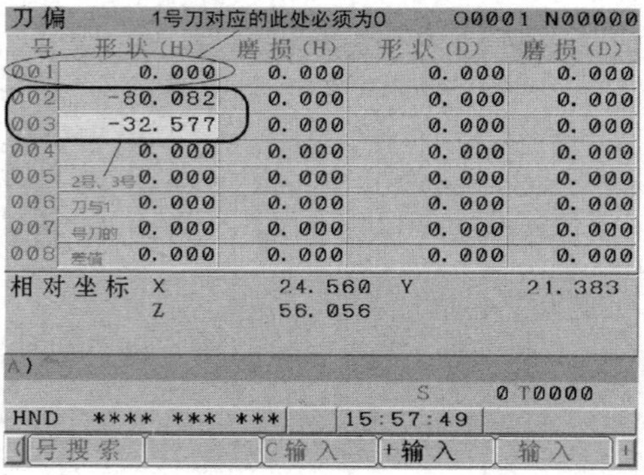

图 4-152　输入刀具长度补偿数值差

对于此数值差，同样，在刀具长度补偿存储器中可输入为正值，编程时用 G44 指令即可，具体的计算为

$$2 \text{ 号刀} = -305.780 - (80.082) = -385.862$$

$$3 \text{ 号刀} = -305.780 - (32.577) = -338.357$$

加工时编程如下。

数控铣床程序：

```
O0002；
G90 G40 G49；
G54；                 （以 1 号刀为基础，建立工件坐标系）
```

```
M03 S1200;
G00 Z50              （将刀具移至工件上方 50mm 处）
X0 Y0;
…                    （工件加工）
G00 Z150             （抬刀，为手工换刀留有足够的高度）
M05;                 （主轴停止）
M00;                 （程序暂停，此时手工换 2 号刀）
M03 S1500;
G00 G43 Z50 H02;     （建立 2 号刀 Z 轴工件坐标系，将刀具移至工件上方 50mm 处）
…                    （工件加工）
G00 G49 Z150;        （取消 2 号刀长度补偿功能，将 Z 轴抬到一定高度）
M05;                 （主轴停止）
M00;                 （程序暂停，此时手工换 3 号刀）
M03 S1000;
G00 G43 Z50 H03;     （建立 3 号刀 Z 轴工件坐标系，将刀具移至工件上方 50mm 处）
…                    （工件加工）
G00 G49 Z150;        （取消 3 号刀长度补偿功能，将 Z 轴抬到一定高度）
M30;                 （程序结束）
```

加工中心程序：

```
O0002;
G90 G40 G49;
G28 G00 Z0           （Z 轴返回机床原点，对于一些换刀不需要返回机床原点的机床，此行可省略）
M06 T01;             （机床自动换刀）
G54;                 （以 1 号刀为基础，建立工件坐标系 ）
M03 S1200;
G00 Z50;             （将刀具移至工件上方 50mm 处）
X0 Y0;
…                    （工件加工）
G00 Z150             （Z 向抬刀）
M05;                 （主轴停止）
G28 G00 Z0           （Z 轴返回机床原点，对于一些换刀不需回机床原点的机床此行可省略）
M06 T02;             （机床自动换刀）
M03 S1500;
G00 G43 Z50 H02;     （建立 2 号刀 Z 轴工件坐标系，将刀具移至工件上方 50mm 处）
…                    （工件加工）
G00 G49 Z150;        （取消 2 号刀长度补偿功能，Z 向抬刀）
M05;                 （主轴停止）
G28 G00 Z0           （Z 轴返回机床原点，对于一些换刀不需要返回机床原点的机床，此行可省略）
M06 T03;             （机床自动换刀）
M03 S1000;
```

G00 G43 Z50 H03；	（建立 3 号刀 Z 轴工件坐标系，将刀具移至工件上方 50mm 处）
…	（工件加工）
G00 G49 Z150；	（取消 2 号刀长度补偿功能，Z 向抬刀）
M30；	（程序结束）

10. G51.1/G50.1 镜像设定/镜像取消

镜像加工也称对称加工，是数控镗铣床常见的加工之一。当加工某些对称图形时，为了避免重复编写类似的程序，缩短加工程序，可采用镜像加工功能。图 4-153 所示的对称图形的编程轨迹为其中任一图形，其余图形可通过镜像加工指令完成。在一般情况下，镜像加工指令需要和子程序调用一起使用（子程序调用参见数控车床部分子程序用法）。

 格式

G51.1 X__ Y__；
G50.1 X__ Y__；

 说明

G51.1：镜像设定。

G50.1：镜像取消。

X、Y：镜像坐标轴，如同在坐标轴位置上放一面镜子。

镜像设定指令的具体用法如下。

程序段 G51.1 X0 是程序关于 X 轴上的数值的镜像，其对称轴为 $X = 0$ 的直线，即 Y 轴，如图 4-154 所示。

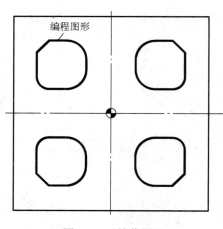

图 4-153　镜像图示

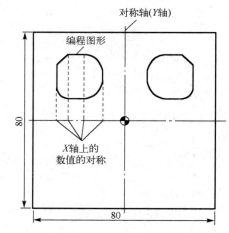

图 4-154　Y 轴镜像图

程序段 G51.1 Y0 是程序关于 Y 轴上的数值的镜像，其对称轴为 $Y = 0$ 的直线，即 X 轴，如图 4-155 所示。

程序段 G51.1 X0 Y0 是程序关于(0, 0)的镜像，即关于原点对称，其对称轴为 X、Y 数值相同并经过坐标轴中心的一条斜线，如图 4-156 所示。

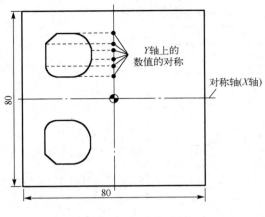

图 4-155 *X* 轴镜像图　　　　　　　图 4-156 *X* 轴、*Y* 轴镜像图

镜像取消指令的具体用法如下。

程序段 G50.1 X0 用于取消对称轴为 *X* = 0 的直线的镜像，即取消了以 *Y* 轴为对称轴的镜像（留下 *X* 轴镜像）。

程序段 G50.1 Y0 用于取消对称轴为 *Y* = 0 的直线，即取消了以 *X* 轴为对称轴的镜像（留下 *Y* 轴镜像）。

程序段 G50.1 X0 Y0 用于取消程序关于(0, 0)的镜像，即取消了关于原点对称的镜像。

提示

（1）镜像加工并不一定要求关于坐标轴对称，它可以关于任意直线或点对称。例如，G51.1 X8，即关于直线 *X* = 8 对称；G51.1 X5 Y10，即关于点(5, 10)对称，但在实际加工中，这种情况不多。

（2）在使用镜像加工功能时，因为数控镗铣床的 *Z* 轴一般安装有刀具，所以 *Z* 轴一般都不能进行镜像（对称）加工。

（3）镜像指令一旦被使用，如果没有取消，就将持续有效，此时如果再使用镜像指令，就会产生叠加。

（4）由于使用了镜像加工功能，因此刀具的行走方向会随之变化，如加工第二象限内的轮廓时用的是左补偿（顺铣），加工第一象限内的轮廓时用的是右补偿（逆铣）；加工第四象限内的轮廓时用的是左补偿（顺铣），加工第三象限内的轮廓时用的是右补偿（逆铣）。由于切削方向的不同会带来加工表面质量的不同，因此在加工对表面质量要求高的工件时，要慎用镜像加工功能。

示例

用镜像指令加工如图 4-157 所示的对称凸台图形，加工刀具为 φ16 立铣刀，*Z* 轴原点为工件的最上表面。

编程如下：

```
O0004;          （主程序）
```

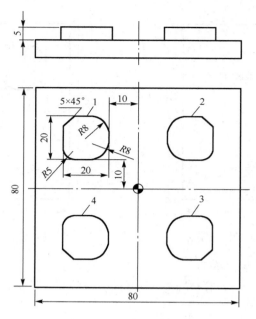

图 4-157　镜像加工举例

```
G90 G40 G50.1;
G54;
M03 S1000;
G00 Z50;
X0 Y0;
Z5;
M98 P0005;           （原始轮廓图形 1 的加工）
G51.1 X0;            （原始轮廓图形以 Y 轴为镜像轴，进行第 1 次镜像）
M98 P0005;           （轮廓图形 2 的加工）
G51.1 Y0;            （以 X 轴为镜像轴，此时已叠加成 X 轴、Y 轴镜像，进行第 2 次镜像）
M98 P0005;           （轮廓图形 3 的加工）
G50.1 X0;            （取消 Y 轴镜像，留下 X 轴镜像，以原始轮廓图形再次镜像）
M98 P0005;           （轮廓图形 4 的加工）
G50.1 Y0;            （再次取消 X 轴镜像，此时已无镜像轴）
G00 Z100;
M05;
M30;

O0005;               （子程序）
G00 X-50 Y0;         （将刀具移至加工轮廓外一点）
G01 Z-5 F100;
G41 D1 X-30 F150;    （建立刀补）
Y25;                 （工件加工）
X-25 Y30;
X-18;
G02 X-10 Y22 R8;
```

```
G01Y18;
G02 X–18 Y10 R8;
G01 X–25;
G02 X–30 Y15 R5;
G03 X–40 Y25 R10;
G00 Z5;
G40X0 Y0;          （取消刀补）
M99;               （由子程序返回主程序）
```

11. G54～G59 选择工件加工坐标系

若在同一个工作台上同时加工多个相同或不同的工件，它们都有各自的尺寸基准，在编程过程中，有时为了避免尺寸换算，可以建立 6 个工件坐标系，如图 4-158、图 4-159 所示，其坐标原点设在便于编程的某一固定点上，当加工某个工件时，只要选择相应的工件坐标系编写加工程序即可。6 个工件坐标系都是以机床原点为参考点的，如图 4-160 所示，分别以各自与机床原点的偏移量表示，这些需要提前输入机床内部。

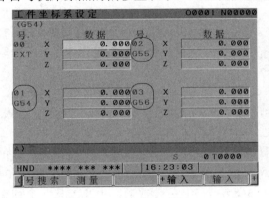

图 4-158　"工件坐标系设定"画面 1

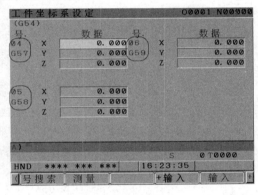

图 4-159　"工件坐标系设定"画面 2

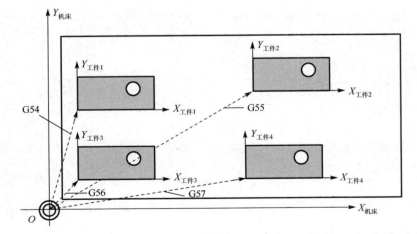

图 4-160　工件坐标系与机床坐标系

格式

> G54（或 G56、G57、G58、G59）；

说明

G54：工件坐标系第一设定。

G55：工件坐标系第二设定。

G56：工件坐标系第三设定。

G57：工件坐标系第四设定。

G58：工件坐标系第五设定。

G59：工件坐标系第六设定。

具体数值的设置参见本章前面对刀部分。

提示

（1）G54～G59 工件坐标系一经设定，工件坐标原点在机床坐标系中的位置就是不变的，它与刀具的当前位置无关（除非更改），在系统断电后并不会被改变，再次开机（若系统需要返回参考点，则在返回参考点后）仍有效。

（2）在 G54～G59 工件坐标系建立的过程中，"号"为 00 组的坐标系中不能存储数值，如图 4-161 所示，否则在加工时，该组中的坐标值将会与下面"号"为 01～06（G54～G59）中坐标系的数值叠加，造成工件坐标偏移，出现加工错误。如图 4-162 所示，某工件在加工时以 G54 为工件坐标系，其工件坐标原点的坐标值如图中所写，由于 00 组中已存储有数值（存储的数值可正可负，图中为正），因此加工时系统计算的工件坐标系为"X"= 317.812+50= 367.812，"Y"= −225.882+80= −145.882，"Z"= −368.631+50= −318.631。由此可见，坐标系已发生了偏移，其余工件坐标系计算类似。

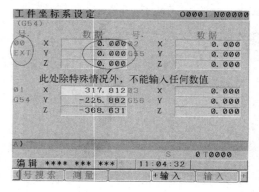

图 4-161 "工件坐标系设定"画面 3

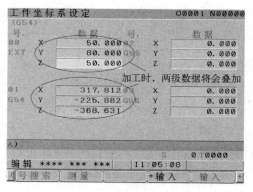

图 4-162 工件坐标系设定错误

12. G68/G69 坐标旋转/坐标旋转取消

在数控铣床（加工中心）的加工过程中，对于某些围绕中心旋转得到的特殊轮廓的加工，如果根据旋转后的实际加工轨迹进行编程，就可能使坐标计算的工作量大大增加。而通过图形坐标旋转功能，可以大大减少编程的工作量。另外，如果工件的形状由许多相同的图形组成，则可将图形单元编成子程序，通过采用主程序的旋转指令调用来进行加工。这样不仅可以简化编程，还可以节省时间和存储空间。

 格式

```
G17 G68 X__ Y__ R__;
G18 G68 Z__ X__ R__;
G19 G68 Y__ Z__ R__;
…
G69;
```

说明

G68：开始坐标旋转。

G69：结束坐标旋转。

X、Y，Z、X，Y、Z：旋转中心的坐标值，由当前平面选择指令确定。当省略旋转中心的坐标值时，系统默认刀具当前位置为旋转中心。

R：旋转角度，其值为正值表示逆时针旋转，为负值表示顺时针旋转。旋转角度为−360°～+360°。

提示

（1）坐标旋转 G68 指令可以用 G90（绝对坐标）和 G91（增量坐标）来表示，如图 4-163 所示。

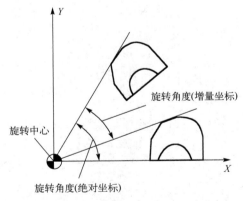

图 4-163　旋转角度绝对/增量坐标定义

（2）若程序中未编写旋转角度值，则系统参数中原先设定的值被认为是角度位移值。

（3）取消坐标旋转指令 G69 可以单独成一行，也可以放在其他指令的程序段中一起，如 G00 G69 X__ Y__。

示例 1

如图 4-164 所示，为了简化编程，试用坐标旋转指令编写图中凹槽的加工程序。已知加

工刀具是 $\phi 8$ 的键槽铣刀。

因为采用了坐标旋转指令，所以编程的原始程序就是一个正方形槽，如图 4-165（a）所示；旋转 45° 后变成图纸所要求的图形，如图 4-165（b）所示。

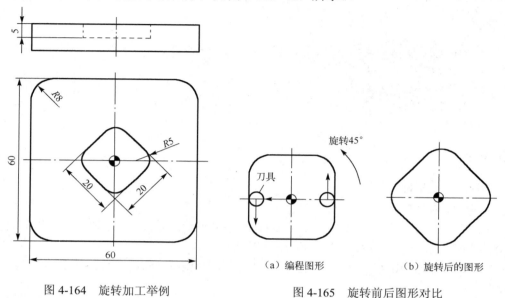

图 4-164　旋转加工举例　　　　　　　图 4-165　旋转前后图形对比

编程如下：

```
O0006；
G90 G40 G69；
G54；                      （建立工件坐标系）
M03 S1000；
G00 Z100；
X0 Y0；
G68 X0 Y0 R45；            （坐标系逆时针旋转45°）
Z5；
G01 Z–5 F60；
G41 D1 X–10 F120；         （建立刀补，这里直线进刀，也可圆弧进刀）
Y–10，R5；                 （结合倒圆角指令进行轮廓加工）
X10，R5；
Y10，R5；
X–10，R5；
Y–2；                      （为了接刀光滑，刀具铣过接刀点2mm）
G40 X0 Y0；                （取消刀补）
G00 Z100；
G69；                      （取消旋转）
M30；
```

 示例2

编写如图 4-166 所示的 3 个圆弧槽程序，已知加工刀具是 $\phi 8$ 的键槽铣刀。

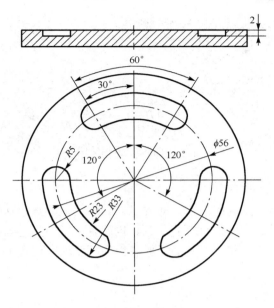

图 4-166　旋转加工举例

　　由于 3 个圆弧槽相同，且呈环形分布，因此可以采用容易计算的加工一个圆弧槽的程序为子程序，并结合坐标旋转指令来完成其余两个圆弧槽的加工。从本例可以看出，上面的圆弧槽最容易计算和编程（其槽上各基点的计算由读者自己计算，这里不再给出）。

　　编程如下：

O0010	（主程序）
G90 G40 G69；	
G54；	（建立工件坐标系）
M03 S1000；	
G00 Z100；	
X0 Y0；	
Z5；	
M98 P0011；	（调用子程序，第 1 个圆弧槽的加工）
G68 X0 Y0 R120；	（坐标系逆时针旋转 120°）
M98 P0011；	（调用子程序，第 2 个圆弧槽的加工）
G68 X0 Y0 R240；	（坐标系以原程序逆时针旋转 240°）
M98 P0011；	（调用子程序，第 3 个圆弧槽的加工）
G00 Z100；	
G69；	（取消旋转）
X0 Y0；	
M30；	
O0011；	（子程序）
G00 X0 Y28；	（刀具移至加工槽的中心）
G01 Z−5 F60；	
G41 D1 Y33 F120；	（建立刀补）

177

```
G03 X–16.5 Y28.579 R33;          （圆弧槽加工）
X–11.5 Y19.919 R5;
G02 X11.5 R23;
G03 X16.5 Y28.579 R5;
X0 Y33 R33;
G01 G40 X0 Y28;                  （取消刀补）
G00 Z5;                          （抬刀）
M99;                             （由子程序返回主程序）
```

13. G92（设定工件坐标系）

G92 指令是用来设定刀具的起刀点，即程序开始运动的起点，从而建立工件坐标系。工件坐标系原点又称程序零点，执行 G92 指令后，也就确定了刀具起刀点与工件坐标系坐标原点的相对距离。G92 指令执行前的刀具必须放在程序所要求的位置上，否则会出现错误。

 格式

```
G92 X__ Y__ Z__;
```

 说明

X、Y、Z：刀具当前位置（基准点）在所设定的工件坐标系中的新坐标值。

提示

（1）利用 G92 指令设定的工件坐标系原点是随时可变的，即它设定的是"浮动"的工件坐标系原点，在程序中可以多次使用、不断改变，比较灵活；但其缺点是每次设定都需要进行手动对基准点操作，操作步骤较多，会影响基准点的精度。此外，由于 G92 指令设定的工件坐标系原点在机床关机后不能被记忆，因此，通常适用于单件加工。而 G54～G59工件坐标系原点是固定不变的，在机床坐标系建立后即生效，在程序中可以直接调用，不需要进行手动对基准点操作，基准点精度高。而且，工件坐标系原点在机床关机后能被记忆，因此，通常适用于批量加工。

（2）一般使用 G54～G59 指令后，就不再使用 G92 指令了。但如果需要使用，则原来由 G54～G59 指令设定的工件坐标原点将被移至 G92 后面的 X、Y 两个坐标值处。例如：

```
...
G54;                  （G54 建立了工件坐标系）
...
G92 X20 Y30;          （此时工件坐标系将向 X 轴正方向偏移 20mm 并向 Y 轴正方向偏移 30mm）
...
```

示例

如图 4-167 所示，以此工件的上表面及中心为加工原点，要求用 G92 指令设定工件坐标系并进行工件加工，操作步骤如下。

（1）采用对刀的方法，运用手轮将刀具移至工件中心及上表面，如图 4-168 所示。

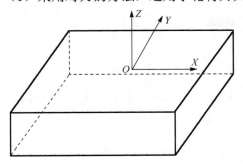
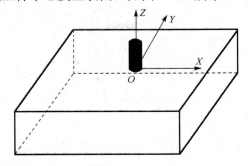

图 4-167　工件毛坯及坐标原点　　　　图 4-168　用 G92 指令设定坐标时的刀具位置

（2）此时刀具不能移动，编写加工程序，在程序的首行输入"G92 X0 Y0 Z0;"。

（3）从第 2 行开始按正常程序编写。

编程如下（数铣格式）：

```
O0015;
G92 X0 Y0 Z0;          （建立工件坐标系）
G00 Z10;               （抬刀，以便刀具移动）
M03 S1000;             （开机床主轴转速）
X–70 Y–70;             （刀具移出工件，具体数值根据图纸来定）
G01 Z-3 F100;          （刀具下刀，具体数值根据图纸来定）
G41 D1 …;              （建立刀补）
…
M30;
```

4.5.2　常用固定循环指令

前面介绍的常用加工指令中的每个 G 指令一般都对应机床的一个动作，每个 G 指令都需要用一个程序段来实现。为了进一步提高编程的工作效率，FANUC 0i-MD 系统设计有固定循环功能，用一个 G 指令表达，用于一些典型孔加工中固定的、连续的动作。固定循环的本质和作用与数控车床一样，其根本目的是简化程序、减少编程工作量。常用的固定循环指令有 G73、G74、G76、G80～G89 等。固定循环指令能完成的工作有钻孔、铰孔、攻螺纹和镗孔等。

这些固定循环通常包括下列 6 个基本动作（见图 4-169）。

（1）X 轴和 Y 轴定位（动作 1，到起始平面处）。

（2）快速进给到 R 平面（动作 2，到 R 平面处）。

（3）孔加工（动作 3，钻孔、铰孔、镗孔等）。

（4）孔底的动作（动作 4，暂停、主轴停等）。

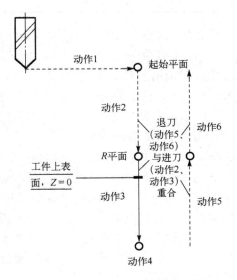

图 4-169　固定循环指令加工动作

（5）退回 R 平面（动作 5，到 R 平面处）。

（6）快速运行到起始平面及其他位置（动作 6）。

提示

图 4-169 中的实线表示切削进给运动，虚线表示快速运动（以下图形表示相同），起始平面是为了安全下刀而规定的一个平面，R 平面表示刀具下刀时自快速运动转为切削进给运动的高度平面。

FANUC 0i-MD 系统的固定循环功能如表 4-3 所示。

表 4-3　FANUC 0i-MD 系统的固定循环功能

G 代码	代码用途	加工运动（Z 轴负方向）	孔底动作	返回运动（Z 轴负方向）
G73	高速深孔钻削	分次，切削进给	—	快速定位进给
G74	左螺纹攻丝	切削进给	暂停—主轴正转	切削进给
G76	精镗循环	切削进给	主轴定向，让刀	快速定位进给
G80	取消固定循环	切削进给	—	快速定位进给
G81	普通钻削循环	切削进给	—	快速定位进给
G82	钻削或粗镗削	切削进给	暂停	快速定位进给
G83	深孔钻削循环	分次，切削进给	—	快速定位进给
G84	右螺纹攻丝	切削进给	暂停—主轴反转	切削进给
G85	镗削循环	切削进给	—	切削进给
G86	镗削循环	切削进给	主轴停止	快速定位进给
G87	反镗削循环	切削进给	主轴正转	快速定位进给
G88	镗削循环	切削进给	暂停—主轴停止	手动
G89	镗削循环	切削进给	暂停	切削进给

作为孔加工固定循环的基本要求，必须在固定循环指令中（或执行循环前）定义以下参数。

（1）G90 绝对值方式，G91 增量值方式。在不同的方式下，循环参数编程的格式要与之对应，在采用绝对值方式时，R 值为孔底的 Z 坐标值，如图 4-170（a）所示；当采用增量值方式时，Z 值规定为 R 平面到孔底的距离，如图 4-170（b）所示。

（2）固定循环执行完成后，刀具的 Z 轴返回点（返回平面）的坐标值由专门的返回平面选择指令 G98、G99 指定，如图 4-171 所示。对于指令 G98，加工完成后刀具返回起始平面。指令 G98 为系统默认指令，编程时用到该指令时可省略不写。对于指令 G99，加工完成后刀具返回 R 平面。

（3）G73、G74、G76、G81～G89 固定循环指令均为模态指令，它们在某一程序段中一经指定，一直到取消固定循环（G80 指令）前都有效。因此，在连续进行孔加工时，第一个固定循环程序段必须指定全部的孔加工数据，而在随后的加工循环中，只需定义需要变更的数据即可。但在固定循环执行中如果进行了系统的关机或复位操作，则孔加工数据、孔位置数据均会被消除。

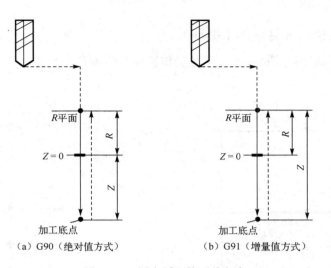

图 4-170　固定循环的两种方式

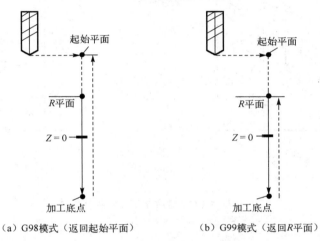

图 4-171　返回起始平面和 R 平面

1．G80（取消固定循环）

G80 指令用于取消所有的固定循环（G73、G74、G76、G81～G89），执行正常的操作。

 格式

G80；

提示

（1）取消固定循环的指令除 G80 外，循环指令在加工过程中，如果程序中出现了 01 组的 G 代码，那么固定循环将被取消。

（2）01 组 G 代码包含 G00、G01、G02、G03、G33。

2．G73（高速深孔钻削加工循环）

G73 指令用于高速深孔钻削加工，其动作循环如图 4-172 所示。

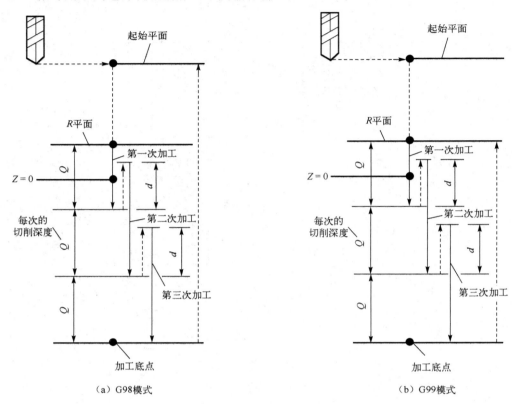

（a）G98模式　　　　　　　　　　　　（b）G99模式

图 4-172　G73 加工动作循环

 格式

（G90/G91）（G98/G99）G73 X＿ Y＿ Z＿ R＿ Q＿ F＿ K＿ ;

 说明

X、Y：指定孔中心在 X-Y 平面上的位置，定位方式与 G00 相同。

Z：钻孔底部位置（最终孔深），可以用增量或绝对指令编程。

R：也叫 R 平面，即孔切削加工开始位置，其值为从定义的 Z＝0 平面到 R 平面的距离（在绝对值方式下）；也可用增量值方式表示，在增量值方式下为起始平面到 R 平面的增量距离。

Q：深孔加工时每次切削进给的切削深度，单位为 mm。

F：切削进给速度。

K：重复次数（如果有需要，那么在只执行一次时可不写 K）。

执行此指令时，钻头先快速定位至程序中的 X、Y 所指定的坐标位置，再快速定位到 R

点，接着刀具以程序中的 F 所指定的进给速度向 Z 轴钻下由程序中的 Q 所指定的第一个距离，再快速退回 d 距离（d 的数值由系统参数设定），以程序中的 F 所指定的进给速度向 Z 轴钻下程序中的 Q 所指定的第二个距离，依此方式一直钻孔到程序中的 Z 所指定的孔底位置。此种间歇进给的加工方式可使切屑断裂，便于排屑，且切削液容易到达切削刃端，从而起到很好的冷却、润滑作用。

提示

（1）在指定固定循环前，必须先使用 S 和 M 代码使主轴旋转。

（2）不能在同一程序段中指定 G73 和 01 组 G 代码（G00～G03 或 G33），否则 G73 将被取消。

（3）当 G73 代码和 M 代码在同一程序段中指定时，在执行第一个定位动作的同时执行 M 代码，系统执行接下来的钻孔动作。

（4）当指定重复次数时，只在第一个孔处执行 M 代码，对第二个和以后的孔，不执行 M 代码。

（5）当在固定循环中指定刀具长度补偿（G43、G44 或 G49）值时，在定位到 R 点的同时加偏置。

（6）在固定循环方式中，刀具半径补偿被忽略。

（7）在程序段中没有 X、Y、Z、R 或任何其他轴的指令时，钻孔不执行。

（8）孔加工参数 Q、P 必须在被执行的程序段中被指定，否则指令的 P、Q 无效。在执行钻孔的程序段中指定 Q、R 时，它们将作为模态数据被存储；如果在不执行钻孔的程序段中指定它们，那么它们不能作为模态数据被存储。

（9）程序中的 Q 被指定为正值，如果被指定为负值，则负号被忽略。

（10）在改变钻孔轴前，必须取消固定循环。

示例

如图 4-173 所示，现用 G73 指令加工图中的 4 个 ϕ6 孔，已知主轴转速为 2000r/min，钻头直径为 6mm，钻头每次的进给深度为 3mm，以工件的上表面为 Z 轴原点，以 G54 为工件坐标系，此时第一象限中孔的中心坐标为(12.021, 12.021)。考虑到钻头上的锥度，Z 向对刀时一般是以锥尖来对刀的，因此，在钻孔中计算 Z 值深度时需要加上此锥度在 Z 轴的投影值。钻头加工完成后返回起始平面。

编程如下：

```
O0020;
G90 G40 G69 G80;
G54;                （建立工件坐标系）
M03 S2000;
M08;                （启动冷却系统）
G00 Z100;
X0 Y0;
```

Z10;	（系统将此处的 Z 值默认为起始平面，如果没有此值，那么系统将向上继续寻找其他 Z 值）
G73 X12.021 Y12.021 Z-25 R5 Q3 F60;	（第一象限孔加工，注意 Z 向深度值，钻头每向下钻 3mm 就向上抬一次钻头）
X–12.021;	（第二象限孔加工。这里的孔加工的编程数据可省去与第一个孔完全相同的数据）
Y–12.021;	（第三象限孔加工）
X12.021;	（第四象限孔加工）
G80;	（取消钻孔循环）
G00 Z100;	
X0Y0;	
M30;	

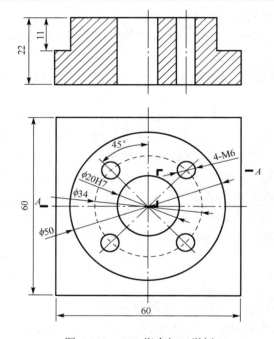

图 4-173　G73 指令加工举例

3．G74（左旋螺纹攻丝循环）

G74 指令用于左旋螺纹攻丝循环，其加工动作循环如图 4-174 所示。

 格式

（G90/G91）（G98/G99）G74 X__ Y__ Z__ R__ P__ F__ K__;

 说明

P：刀具在到达加工底部时的暂停时间，单位为 ms。

F：攻丝进给速度，等于攻丝螺距格式主轴转速，单位为 mm/min。

其余字母介绍参见 G73。

因为此指令用于攻左旋螺纹，所以必须先使主轴反转，再执行 G74 指令，其加工动作为刀具先快速定位至程序中的 X、Y 所指定的坐标位置，再快速定位到 R 点，接着以程序中的 F 所指定的进给速度攻螺纹至程序中的 Z 所指定的孔底位置。此时主轴正转，刀具向 Z 轴正方向退回 R 点，主轴恢复原来的反转状态。

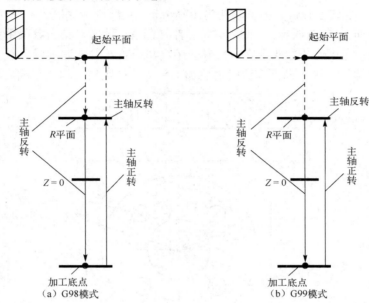

图 4-174　G74 加工动作循环

提示

（1）在指定固定循环指令之前，必须先使用 S 和 M 代码使主轴反转。

（2）在 G74 反转左旋螺纹攻丝循环动作中，进给速度倍率旋钮无效；此外，即使进给保持信号有效，在整个加工动作结束前，Z 轴也不会停止运动，这样可以有效防止因误操作引起的丝锥不能退出工件的现象出现。

（3）不能在同一程序段中指定 G74 和 01 组 G 代码（G00～G03 或 G33），否则 G74 将被取消。

（4）当 G74 代码和 M 代码在同一程序段中指定时，在执行第一个定位动作的同时执行 M 代码，系统执行接下来的攻丝动作。

（5）当指定重复次数时，只在第一个攻丝处执行 M 代码，对第二个和以后的攻丝，不执行 M 代码。

（6）当在固定循环中指定刀具长度补偿（G43、G44 或 G49）值时，在定位到 R 点的同时加偏置。

（7）在固定循环方式中，刀具半径补偿被忽略。

（8）在程序段中没有 X、Y、Z、R 或任何其他轴的指令时，钻孔不执行。

（9）在执行攻丝的程序段中指定 P 时，它们将作为模态数据被存储；如果在不执行攻丝的程序段中指定它，那么它不能作为模态数据被存储。

（10）在改变攻丝轴前，必须取消固定循环。

示例

如图 4-175 所示，现用 G74 指令加工图中的 4 个左旋螺纹，已知螺纹底孔已经钻好，攻丝的螺纹为 M6，螺距为 1mm，主轴转速为 100r/min，攻丝进给速度 $F = 1×100 = 100\text{mm/min}$，以工件的最上表面为 Z 轴原点，以 G54 为工件坐标系，此时，第一象限中孔的中心坐标为 (12.021, 12.021)。考虑到攻丝头上有一段导向距离，而攻丝 Z 向对刀时一般是以攻丝头来对刀的，因此在攻螺纹计算 Z 向深度值时需要加上此段导向距离，攻丝完成后返回起始平面。

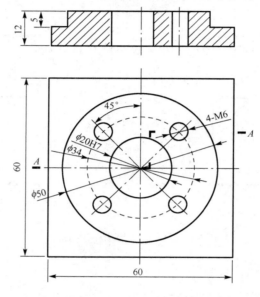

图 4-175　G74 左旋螺纹攻丝循环举例

编程如下：

O0021；	
G90 G40 G69 G80；	
G54；	（建立工件坐标系）
M04 S150；	（主轴反转，攻丝时注意转速）
M08；	（启动冷却系统）
G00 Z100；	
X0 Y0；	
Z10；	（系统将此处的 Z 值默认为起始平面，如果没有该值，那么系统将向上继续寻找其他 Z 值）
G74 X12.021 Y12.021 Z−15 R5 P2000 F100；	（第一象限孔攻丝，注意 Z 向深度值，攻丝在孔底暂停 2s）
X−12.021；	（第二象限孔攻丝）
Y−12.021；	（第三象限孔攻丝）
X12.021；	（第四象限孔攻丝）
G80；	（取消攻丝循环）

```
G00 Z100；
X0Y0；
M30；
```

4．G76（精镗循环）

G76 指令用于精密镗孔加工，在执行该指令时，镗孔刀先快速定位至 *X*、*Y* 坐标点；再快速定位到 *R* 点；然后以程序中的 F 所指定的进给速度镗孔至 Z 所指定的深度后，主轴定向停止，刀具向系统参数指定的一个方向后退一段距离，使刀具离开正在加工工件的表面，如图 4-176 所示；最后抬刀，从而消除退刀痕。当镗孔刀退回 *R* 点或起始点时，刀具立即回到原来的加工位置点，且主轴恢复转动。镗孔刀定向及退刀如图 4-177 所示。

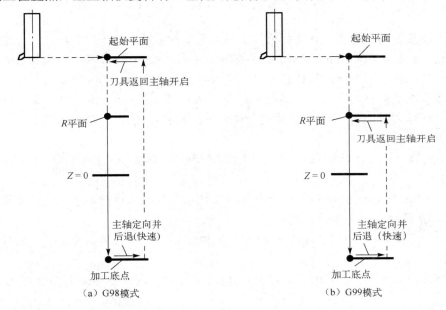

图 4-176　G76 加工动作循环

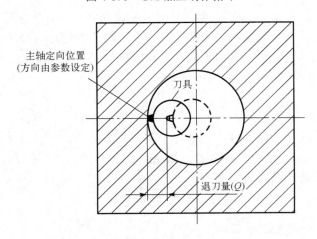

图 4-177　镗孔刀定向及退刀

格式

(G90/G91) (G98/G99) G76 X＿Y＿Z＿R＿Q＿P＿F＿K＿;

 说明

Q：孔底的退刀量，单位为 mm。

P：刀具在到达加工底部时的暂停时间，单位为 ms。

其余字母介绍参见 G73。

提示

（1）所谓主轴定向停止，就是指通过主轴的定位控制功能使主轴在规定的角度上准确停止并保持这一位置，从而使镗刀的刀尖对准某一方向。停止后，刀具向刀尖相反的方向少量后移，使刀尖脱离加工表面，保证在退刀时不擦伤已加工表面，以实现高精度镗削加工。

（2）偏移退刀量 Q 指定为正值，如果 Q 指定为负值，那么负号被忽略，退刀方向通过参数设定，可选择+X、–X、+Y、–Y 中的任何一个。在指定 Q 时，注意不能太大，以避免刀具退刀时另一面碰撞工件。

（3）不能在同一程序段中指定 G76 和 01 组 G 代码（G00～G03 或 G33），否则 G76 将被取消。

（4）当 G76 代码和 M 代码在同一程序段中被指定时，在执行第一个定位动作的同时执行 M 代码，系统执行接下来的镗孔动作。

（5）当指定重复次数时，只在第一个镗孔处执行 M 代码，对第二个和以后的镗孔，不执行 M 代码。

（6）当在固定循环中指定刀具长度补偿（G43、G44 或 G49）值时，在定位到 R 点的同时加偏置。

（7）在固定循环方式中，刀具半径补偿被忽略。

（8）在程序段中没有 X、Y、Z、R 或任何其他轴的指令时，不执行镗孔加工动作。

（9）在执行镗孔的程序段中指定 P、Q 时，它们将作为模态数据被存储；如果在不执行镗孔的程序段中指定它们，那么它们不能作为模态数据被存储。

（10）在改变镗孔轴前，必须取消固定循环。

示例

如图 4-178 所示，现用 G76 镗孔指令加工图中的 ϕ30H7 孔，已知主轴转速为 1500r/min，进给速度 F = 80mm/min，刀具偏移量 Q = 2mm，以工件的最上表面为 Z 轴原点，以 G54 为工件坐标系，镗孔完成后返回起始平面。

编程如下：

O0022;
G90 G40 G69 G80;
G54;　　　　　　　　　（建立工件坐标系）

M03 S1500;	（开机床主轴转速）
M08;	（启动冷却系统）
G00 Z100;	
X0 Y0;	
Z10;	（系统将默认此处的 Z 值为起始平面，如果没有该值，那么系统将向上继续寻找其他 Z 值）
G76 X0 Y0 Z–24 R5 Q2 P1000 F80;	（镗孔加工，注意 Z 向深度值，刀具在孔底退刀 2mm，并暂停 1s）
G80;	（取消镗孔循环）
G00 Z100;	
X0Y0;	
M30;	

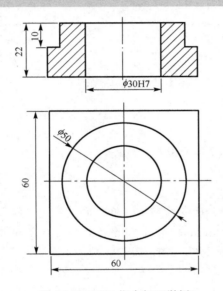

图 4-178　G76 指令加工举例

5．G81（钻孔循环、钻中心孔循环）

在执行 G81 指令时，钻头或中心钻先快速定位至程序中的 X 和 Y 所指定的坐标位置，再快速定位至 R 点，接着以程序中的 F 所指定的进给速度向下钻削至程序中的 Z 所指定的孔底位置，最后快速退刀至 R 点或起始点完成循环，其钻孔动作循环如图 4-179 所示。

由于该指令在钻孔时不抬刀，因此必须考虑排屑及钻孔的深度。

 格式

（G90/G91）（G98/G99）G81 X__ Y__ Z__ R__ F__ K__ ;

 说明

各字母介绍参见 G73。

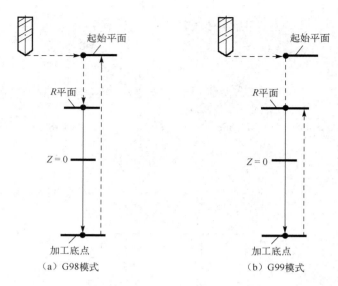

图 4-179　G81 钻孔动作循环

 提示

参见 G73 中的（1）～（7）、（10）。

示例

如图 4-175 所示，用 G81 指令钻削 M6 螺纹底孔，已知钻头直径为 5mm，主轴转速为 1500r/min，进给速度 $F = 60$mm/min，以工件的最上表面为 Z 轴原点，以 G54 为工件坐标系，此时第一象限中孔的中心坐标为(12.021, 12.021)。

编程如下：

O0030;	
G90 G40 G69 G80;	
G54;	（建立工件坐标系）
M03 S1500;	
M08;	（启动冷却系统）
G00 Z100;	
X0 Y0;	
Z10;	（系统将默认此处的 Z 值为起始平面，如果没有此值，那么系统将向上继续寻找其他 Z 值）
G81 X12.021 Y12.021 Z−15 R5 F60;	（第一象限孔加工，注意 Z 向深度值，钻头一次加工完成并抬刀）
X−12.021;	（第二象限孔加工。这里的孔加工数据不一定要全部都写，可省略若干地址和数据）
Y−12.021;	（第三象限孔加工）
X12.021;	（第四象限孔加工）
G80;	（取消钻孔循环）

```
G00 Z100;
X0Y0;
M30;
```

6.G82（钻孔循环、粗镗循环）

　　G82 指令的固定循环在孔底有一个暂停的动作，除此之外与 G81 指令完全相同，孔底的暂停可以提高孔深的精度及孔底的表面质量；此外，G82 指令还可用于锪沉孔和孔口倒角，其加工动作循环如图 4-180 所示。

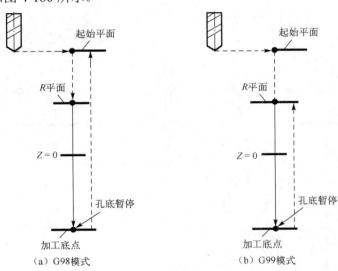

图 4-180　G82 加工动作循环

 格式

　　（G90/G91）（G98/G99）G82 X＿ Y＿ Z＿ R＿ P＿ F＿ K＿ ;

 说明

　　P：刀具在到达加工底部时的暂停时间，单位为 ms。
　　其余字母介绍参见 G81。

提示

　　参见 G73 中的（1）～（7）、（10）。

示例

　　参见 G81 编程示例。

7.G83（啄式钻深孔循环）

　　G83 指令也用于高速深孔加工，与 G73 指令一样，其 Z 轴方向为分级、间歇进给。

与 G73 指令不同的是，G83 指令每次分级进给，钻头都会沿着 Z 轴退到切削加工起始点（参考平面），使深孔加工的排屑性能更好。在执行该指令时，钻头先快速定位至程序中的 X、Y 所指定的坐标位置，再快速定位至 R 点，接着以程序中的 F 所指定的进给速度向下钻削程序中的 Q 所指定的距离，快速退刀至 R 点，当钻头在第二次及以后切入时，会先快速进给到前一切削深度上方距离 d 处，然后再次变为切削进给，其加工动作循环如图 4-181 所示。

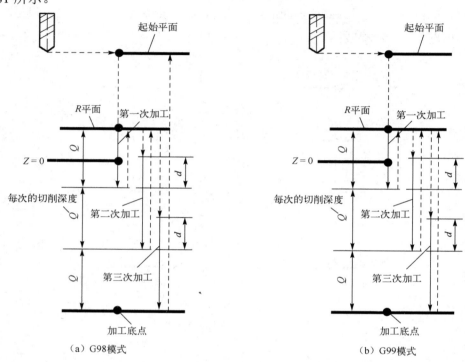

图 4-181　G83 加工循环动作

 格式

（G90/G91）（G98/G99）G83X＿Y＿Z＿R＿Q＿F＿K＿;

 说明

各字母介绍参见 G73。

 提示

参见 G73 中的（1）～（10）。

 示例

参见 G73 编程示例。

8．G84（右旋螺纹攻丝循环）

G84 指令用于右旋螺纹攻丝循环，其加工动作循环如图 4-182 所示。

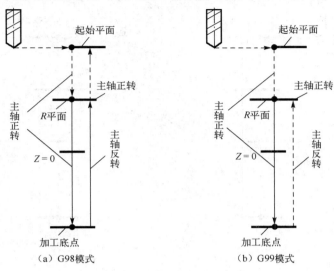

图 4-182　G84 加工动作循环

 格式

(G90/G91)（G98/G99）G84 X__ Y__ Z__ R__ P__ F__ K__ ;

 说明

P：刀具在到达加工底部时的暂停时间，单位为 ms。

F：攻丝进给速度，等于攻丝螺距×主轴转速，单位为 mm/min。

其余字母介绍参见 G73。

因为此指令用于攻右旋螺纹，所以必须先使主轴正转，再执行 G84 指令，其加工动作为刀具先快速定位至程序中的 X、Y 所指定的坐标位置，再快速定位到 R 点，接着以程序中的 F 所指定的进给速度攻螺纹至程序中的 Z 所指定的孔底位置。此时，主轴反转，刀具向 Z 轴正方向退回 R 点，主轴恢复原来的正转状态。

 提示

参见 G74 中的（1）~（10）。

示例

参见 G74 编程示例。

9．G85（镗孔、铰孔循环）

G85 指令在加工时，刀具先快速定位至程序中的 X、Y 所指定的坐标位置，再快速定位

至 R 点，接着以程序中的 F 所指定的进给速度向下加工至程序中的 Z 所指定的孔底位置后仍以切削进给方式向上提升，因此该指令较适合铰孔，其加工动作循环如图 4-183 所示。

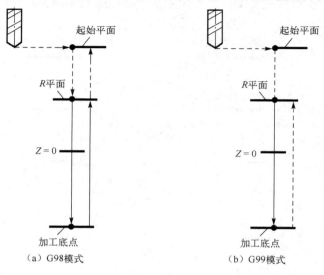

图 4-183　G85 加工动作循环

格式

（G90/G91）（G98/G99）G85 X__ Y__ Z__ R__ F__ K__；

说明

各字母介绍参见 G73。

提示

参见 G73 中的（1）～（7）、（10）。

示例

参见 G81 编程示例。

10.　G86（镗孔循环）

G86 指令类似 G81 指令的动作，在加工时，刀具先快速定位至程序中的 X、Y 所指定的坐标位置，再快速定位至 R 点，接着以程序中的 F 所指定的进给速度向下加工至程序中的 Z 所指定的孔底位置。此时，主轴停止，快速退刀至 R 点或起始点完成循环，其加工动作循环如图 4-184 所示。

格式

（G90/G91）（G98/G99）G86 X__ Y__ Z__ R__ F__ K__；

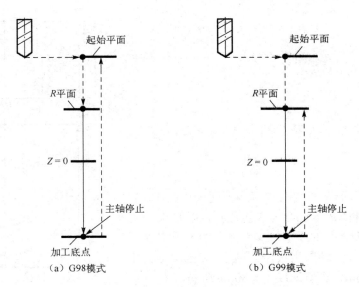

图 4-184　G86 加工动作循环

 说明

各字母介绍参见 G73。

提示

参见 G73 中的（1）～（7）、（10）。

示例

参见 G81 编程示例。

11．G87［背镗（反镗）孔循环］

执行 G87 循环，在 X 轴、Y 轴完成定位后，主轴通过定向准停动作使镗刀的刀尖对准某一方向。停止后，刀具向刀尖相反的方向少量偏移，使刀尖让开孔表面，保证在进刀时不触碰孔表面，Z 轴快速进给至孔底面（R 平面）。在孔底面，刀尖恢复原来的偏移量，主轴自动正转，并沿 Z 轴的正方向加工到所要求的 Z 点。在此位置上，主轴再次定向准停，刀尖向相反的方向少量偏移，刀具从孔中退出，返回起始点后刀尖再次恢复上次的偏移量，主轴再次正转，进行下一步动作。该指令无 G99 模式，其加工动作循环如图 4-185 所示。

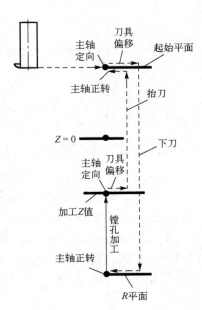

图 4-185　G87 加工动作循环

格式

（G90/G91）（G98）G87 X＿Y＿Z＿R＿Q＿P＿F＿K＿;

说明

各字母介绍参见 G76。

 提示

与 G76 相同，参见 G76 全部提示内容。

示例

如图 4-186 所示，要求用 G87 指令反镗图中的 φ30H7 孔，现已知以工件的最上表面为 Z 轴原点，以 G54 为工件坐标系，考虑到刀具的原因，参考加工图，现将 R 平面定位于(−35mm 处，此时刀尖刚好处于−32mm 处)，主轴转速为 1500r/min，进给速度 $F = 80$mm/min。

编程如下：

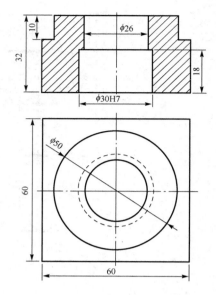

图 4-186　G87 指令加工举例

```
O0040;
G90 G40 G69 G80;
G54;                              （建立工件坐标系）
M03 S1500;
M08;                              （启动冷却系统）
G00 Z100;
X0 Y0;
Z10;                              （系统将默认此处的 Z 值为初始平面，如果没有此值，那么系统将
                                    向上继续寻找其他 Z 值）
G87 X0 Y0 Z−14 R−35 Q3 P1000 F80;  （反镗加工，刀具偏移量为 3mm，暂停 1s）
G80;                              （取消镗孔循环）
G00 Z100;
X0Y0;
M30;
```

12．G88（镗孔循环）

在执行 G88 指令时，刀具在 X 轴和 Y 轴上完成定位以后，快速移至 R 点，并从 R 点到 Z 点执行镗孔。当镗孔完成后，执行暂停操作，主轴停止，进给也自动变为停止状态。刀具的退出必须在手动状态下进行（此时将机床功能切换为"手动"或"手轮"状态，可将刀具在 X 或 Y 向偏移后沿 Z 向移出）。刀具从孔中安全退出后，将机床功能切换为"自动"状态，此时只将 Z 轴提升至 R 点（G99）或起始点（G98），X、Y 坐标并不会回到 G88 所指定的 X、Y 位置（如果抬刀时 X 或 Y 向已产生偏移）；主轴恢复正转状态，其加工动作循环如图 4-187 所示。

格式

（G90/G91）（G98/G99）G88 X__ Y__ Z__ R__ P__ F__ K__;

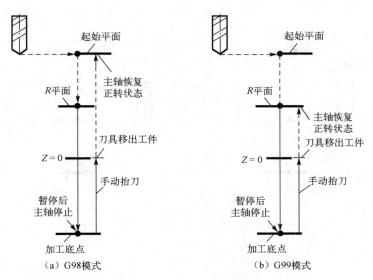

图 4-187　G88 加工动作循环

 说明

各字母介绍参见 G82。

 提示

与 G82 相同，参见 G82 全部提示内容。

 示例

编程示例参见 G82。

13．G89（镗孔循环）

在执行 G89 指令时，除在孔底位置暂停程序中的 P 所指定的时间外，其余与 G85 指令相同，其加工动作循环如图 4-188 所示。

格式

　（G90/G91）（G98/G99）G89 X＿Y＿Z＿R＿P＿F＿K＿；

说明

各字母介绍参见 G85。

提示

与 G85 相同，参见 G85 全部提示内容。

示例

编程示例参见 G81。

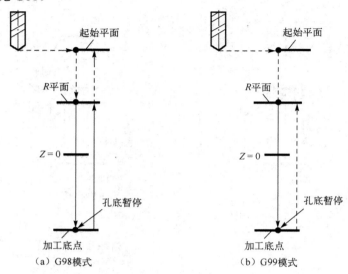

（a）G98模式　　　　　　（b）G99模式

图 4-188　G89 加工动作循环

第 5 章 数控铣床（加工中心）刀具的选择与结构分析

5.1 刀柄的结构类型

切削刀具通过刀柄与数控铣床（加工中心）主轴连接，如图 5-1 所示。刀柄通过拉钉和主轴内的拉刀装置（见图 5-2）固定在主轴上，由刀柄夹持传递速度、扭矩。刀柄的强度、刚性、耐磨性、制造精度及夹紧力等对加工有直接的影响，进行高速铣削的刀柄还对动平衡、减振等有要求。数控铣床刀柄一般采用 7：24 锥面与主轴锥孔配合定位，这种锥柄不自锁，换刀方便，与直柄相比有较高的定心精度和刚度。为了保证刀柄与主轴的配合和连接，刀柄及其尾部供主轴内拉刀装置使用的拉钉已实现标准化，应根据使用的数控铣床的具体要求来配备。常用的刀柄规格有 BT30、BT40、BT50 或 JT30、JT40、JT50，如图 5-3 所示。在高速加工中心使用 HSK 刀柄，如图 5-4 所示。在我国应用最为广泛的是 BT40（见图 5-5）和 BT50 系列刀柄及拉钉。其中，BT 表示采用日本标准 MAS403 的刀柄，其后的数字为相应的 ISO 锥度号，如 50 和 40 分别代表大端直径为 69.85mm 和 44.45mm 的 7：24 锥度。在满足加工要求的前提下，刀柄的长度尽量选择短一些，以改善刀具加工的刚性。

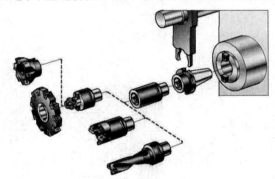

图 5-1 刀柄与主轴连接图示

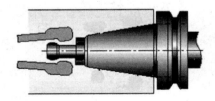 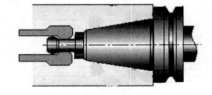

图 5-2 拉钉和拉刀装置

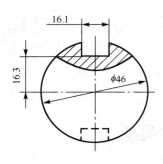
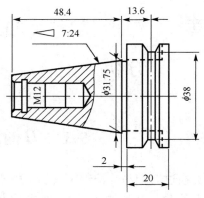

（a）BT30刀柄

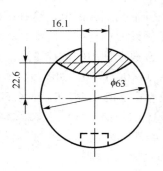
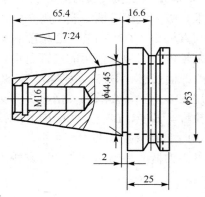

（b）BT40刀柄

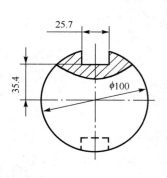
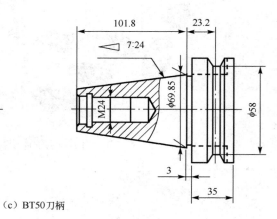

（c）BT50刀柄

图 5-3　常用的 BT、JT 系列刀柄

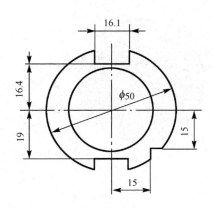
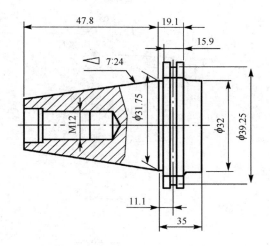

（d）JT30刀柄

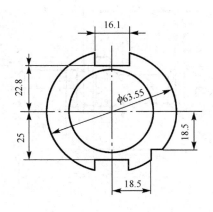
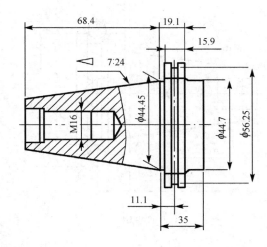

（e）JT40刀柄

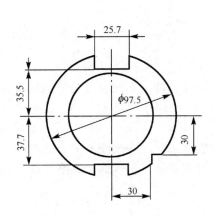
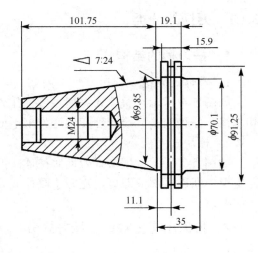

（f）JT50刀柄

图 5-3 常用的 BT、JT 系列刀柄（续）

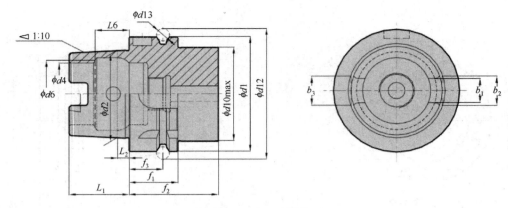

图 5-4　HSK 刀柄

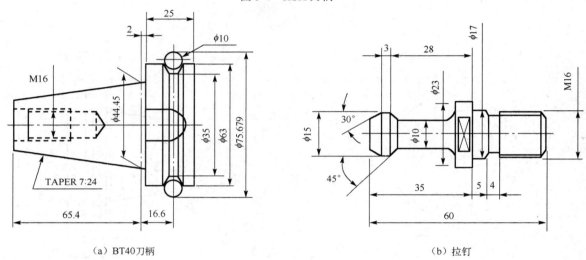

（a）BT40刀柄　　　　　　　　　　　　（b）拉钉

图 5-5　BT40 刀柄及拉钉

5.1.1　刀柄的分类

1．按刀柄的结构分

1）整体式刀柄

如图 5-6 所示，整体式刀柄直接夹住刀具，刚性好，但需要针对不同的刀具分别配备，其规格、品种繁多，给管理和生产带来不便。

2）模块式刀柄

如图 5-7 所示，模块式刀柄比整体式刀柄多出了中间连接部分，在装配不同刀具时，只需更换中间连接部分即可，克服了整体式刀柄的缺点，但对连接精度、刚性、强度等都有很高的要求。

2．按刀柄与主轴的连接方式分

1）一面约束

如图 5-8 所示，在刀柄的右半部，刀柄以锥面与主轴孔配合（一面约束），但在端面部分有 2mm 左右的间隙，此种连接方式的刚性较差。

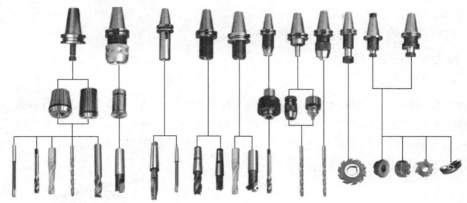

图 5-6 整体式刀柄

图 5-7 模块式刀柄

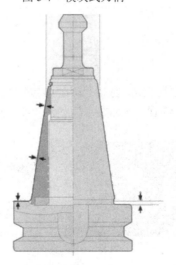

图 5-8 刀柄的一面约束与两面约束

2）二面约束

如图 5-8 所示，在刀柄的左半部，刀柄以锥面及端面同时与主轴孔配合，在高速、高精加工时，只有两面约束才能确保可靠性。

3．按刀具的夹紧方式分

1）弹簧夹头刀柄

弹簧夹头刀柄使用较多，主要用来装夹钻头、铣刀、攻丝、铰刀等，采用 ER 型卡簧，适用于夹持直径在 16mm 以下的铣刀进行铣削加工，如图 5-9 所示；若采用 C 型卡簧，则称为强力夹头刀柄，它可以提供较大的夹紧力，适用于夹持直径在 16mm 以上的铣刀进行强力铣削，如图 5-10 所示。

（a）弹簧夹头刀柄

（b）ER 型卡簧

图 5-9　弹簧夹头刀柄与 ER 型卡簧

（a）强力夹头刀柄

（b）C 型卡簧

图 5-10　强力夹头刀柄与 C 型卡簧

2）侧固式刀柄

侧固式刀柄采用侧向夹紧方式，适用于切削力大的加工，但一种尺寸的刀具需要对应配备一种刀柄，其规格较多。常用的侧固式刀柄如图 5-11 所示。

图 5-11　常用的侧固式刀柄

3）液压夹紧式刀柄

液压夹紧式刀柄采用液压夹紧方式，可提供较大的夹紧力，如图 5-12 所示。

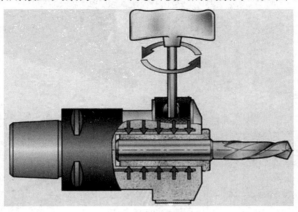

图 5-12　液压夹紧式刀柄

4）热装刀柄

热装刀柄在装刀时加热孔，靠冷却夹紧，使刀具和刀柄合二为一，在不经常换刀的场合使用，如图 5-13 所示。

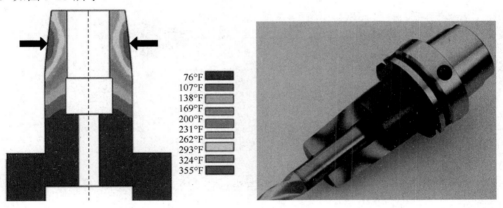

图 5-13　热装刀柄

4．按允许转速分

1）低速刀柄

低速刀柄主要指主轴转速在 8000r/min 以下的刀柄。

2）高速刀柄

高速刀柄（HSK 刀柄，见图 5-14）用于主轴转速在 8000r/min 以上的高速加工，其上有平衡调整环，必须经过动平衡校验。

5．按所夹持的刀具分

1）夹圆柱铣刀刀柄

夹圆柱铣刀刀柄用于夹持圆柱铣刀，如图 5-15 所示。

图 5-14　HSK 刀柄

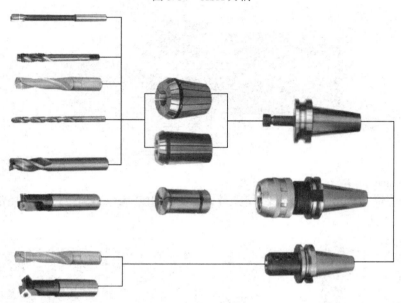

图 5-15　夹圆柱铣刀刀柄

2）面铣刀刀柄

面铣刀刀柄用于与面铣刀盘配套使用，如图 5-16 所示。

3）莫氏锥柄刀柄

莫氏锥柄刀柄用于夹持带有莫氏锥度的钻头、铰刀等，刀柄上有扁尾槽及装卸槽，如图 5-17 所示。

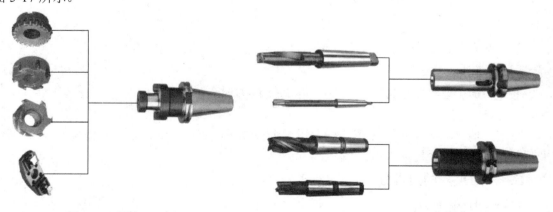

图 5-16　面铣刀刀柄　　　　　　　　　图 5-17　莫氏锥柄刀柄

4）直柄钻头刀柄

直柄钻头刀柄用于装夹直径在 13mm 以下的中心钻、直柄麻花钻、铰刀等，如图 5-18 所示。

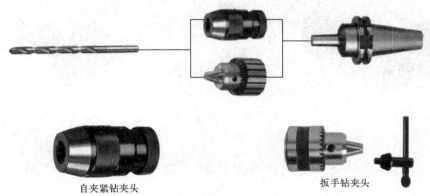

自夹紧钻夹头　　　　　　　　　　　　　　扳手钻夹头

图 5-18　直柄钻头刀柄

5）镗刀刀柄

镗刀刀柄用于各种尺寸孔的镗削加工，有单刃、双刃及重切削等类型，如图 5-19 所示。

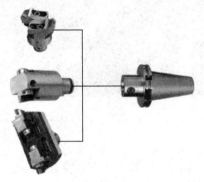

图 5-19　镗刀刀柄

6）丝锥刀柄

丝锥刀柄用于自动攻丝时装夹丝锥，一般具有切削力限制功能，如图 5-20 所示。

图 5-20　丝锥刀柄

6．其他刀柄

1）增速刀柄

当加工所需的转速超过机床主轴最高转速时，可以采用增速刀柄将刀具转速提高为原来的 4～5 倍，扩大机床的加工范围，如图 5-21 所示。

图 5-21　增速刀柄

2）多轴刀柄

当同一方向的加工内容较多时，如位置相近的孔系，采用多轴刀柄可以有效地提高加工效率，如图 5-22 所示。

图 5-22　多轴刀柄

3）角度刀柄

除使用回转工作台进行 5 面加工以外，还可以采用角度刀柄实现立、卧转换，达到同样的目的，其转角一般有 30°、45°、60°、90° 等，如图 5-23 所示。

图 5-23　角度刀柄

4）中心冷却刀柄

中心冷却刀柄可以通过刀具中心第一时间将冷却液输送到加工表面。为了改善切削液的冷却效果，尤其在进行孔加工时，采用这种刀柄可以将切削液从刀具中心喷入切削区域，极大地改善了冷却效果，并有利于排屑。使用这种刀柄，要求机床具有相应的功能。中心冷却刀柄如图 5-24 所示。

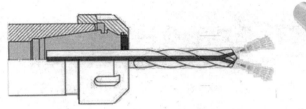

图 5-24　中心冷却刀柄

5.1.2　常用刀具在刀柄中的装夹方法

数控铣床（加工中心）的各种刀柄均有相应的使用说明，在使用时必须仔细阅读。这里以最为常用的弹簧夹头刀柄为例进行说明。

（1）将刀柄放入卸刀座并锁紧，如图 5-25 所示。

（2）根据刀具直径大小选取合适的卡簧（又称夹簧），如图 5-26 所示，在安装前，必须先将卡簧、锁紧螺母螺纹部分及定位面、锥面清理干净。

图 5-25　将刀柄放入卸刀座并锁紧　　　　　　　图 5-26　卡簧

（3）首先将卡簧装入锁紧螺母内，安装方法如图 5-27 所示（安装时，卡簧与锁紧螺母必须倾斜一定的角度，将卡簧轻轻地放在锁紧螺母的锁紧卡槽内），然后将装上卡簧的锁紧螺母轻轻地拧在刀柄上，如图 5-28 所示，待装上刀具后即可用扳手夹紧并将其投入工作。

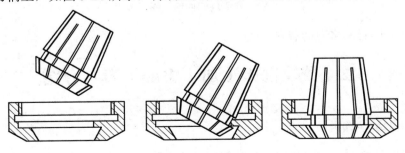

图 5-27　卡簧与锁紧螺母的安装方法

（4）将铣刀装入卡簧孔内，并根据加工深度控制刀具的悬伸长度，如图 5-29 所示。

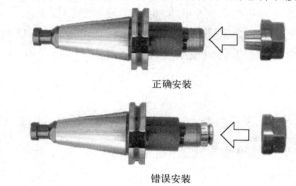

正确安装

错误安装

图 5-28　锁紧螺母与刀柄的安装

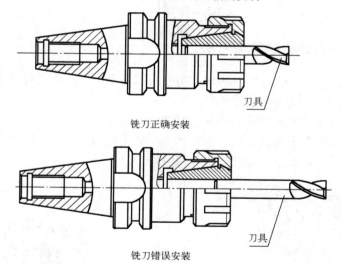

铣刀正确安装

刀具

铣刀错误安装

图 5-29　铣刀的安装

（5）用扳手将锁紧螺母锁紧。常用的刀柄锁紧螺母扳手如图 5-30 所示。

图 5-30　常用的刀柄锁紧螺母扳手

（6）检查无误后，将刀柄装在主轴上。

5.2　数控铣床（加工中心）刀具介绍

5.2.1　刀具的选择原则

应根据机床的加工能力、加工工件的材料性能、加工工序、切削用量及其他相关因素正确选择刀具。刀具选择总的原则是适用、安全、经济。

适用要求所选择的刀具能达到加工目的，完成材料的去除工作，并达到预定的加工精度。例如，在粗加工时，选择足够大并有足够的切削能力的刀具能快速去除材料；而在精加工时，为了能把结构形状全部加工出来，要使用较小的刀具，加工到每个角落。再如，在切削低硬度材料时，可以使用高速钢刀具；而在切削高硬度材料时，就必须用硬质合金刀具。

安全指的是在有效去除材料的同时，不会产生刀具的碰撞、折断等情况。要保证刀具及刀柄不会与工件相碰撞或挤擦而造成刀具或工件损坏。例如，在使用刀杆加长的刀具和小直径的刀具来切削材质较硬的工件时，刀具很容易折断，选用时一定要慎重。

经济指的是能以最小的成本完成加工。在同样可以完成加工的情形下，应选择综合成本相对较低的刀具。刀具的寿命和精度与刀具价格的关系极大，在大多数情况下，选择好的刀具虽然提升了刀具成本，但由此带来的加工质量和加工效率的提高可能使总体成本比使用普通刀具更低，产生更好的效益。例如，在进行钢材切削时，选用高速钢刀具，其进给速度只能达到 100mm/min；而采用同样尺寸的硬质合金刀具，其进给速度可以达到 500mm/min 以上，这样可以大幅缩短加工时间，虽然刀具价格较高，但总体成本反而更低。通常情况下，优先选择经济性良好的可转位刀具。

选择刀具时还要考虑安装/调整的方便程度、刚性、寿命和精度。在满足加工要求的前提下，刀具的悬伸长度尽可能短，以改善刀具系统的刚性。

5.2.2　刀具材料

1．高速钢

高速钢是指在合金工具钢中加入较多的钨、钼、铬、钒等合金元素的高合金工具钢。高速钢刀具是一种比普通刀具更坚韧、更容易切割的刀具。高速钢具有高硬度（62～67HRC）、高耐磨性和高耐热性等特点，有较好的工艺性能，强度和韧性配合好，而且具有很好的红硬性，但不适合高速切削和硬材料切削。高速钢刀具常用牌号有 W18Cr4V、W6Mo5Cr4V2。

高速钢是刀具材料市场上曾经辉煌过几十年的"霸主"。随着被加工材料的不断变化及生产加工的需要，人们不断改变高速钢的成分，在普通高速钢中加入钴（Co）、铝（AI）、钒（V）等合金元素，提高其综合性能，主要用来加工不锈钢、耐热钢和高温合金等难切材料。

1）高碳高速钢

高碳高速钢的牌号有 9W8Cr4V(9W18)、9W6Mo5Cr4V2(CM2)，其常温硬度值为 66～68HRC，600℃时的硬度值提高到 51～52HRC，适用于制造对耐磨性要求高的刀具。

2）铝高速钢

铝高速钢的牌号有 W6Mo5Cr4V2AI(501) 和 W6Mo5Cr4V2AI(5F-6)，是我国独创的新钢种。它的常温硬度值为 67～69HRC，600℃时的硬度值提高到 54～55HRC，其切削性能与 M42（ANSI 高速钢）相当，寿命比 W18 长 1～2 倍以上，作为滚齿刀时的切削速度为 1.67m/s；磨削性、加工性较差，热处理要严格掌握。

3）钴高速钢

钴高速钢是指在高速钢合金元素中加入钴，其综合性能得到改善，从而提高了切削速度。例如，美国的 M40 系列中的 M42，其常温硬度值为 67～69HRC，600℃时的硬度值提高到

54～55HRC。钴高速钢刀具适合加工高温合金、钛合金及其他难切材料。由于我国钴资源有限，因此目前钴高速钢刀具生产和使用不多。

4）高钒高速钢

对于高钒高速钢，由于大量高硬度、高耐磨性的 VC（钒碳化物，其中 V、C 的质量比为 4.26：1）弥散在高速钢中，因此提高了高速钢的耐磨性，且能细化晶粒和降低钢的过热敏感性。高钒高速钢刀具适合加工硬橡胶、塑料等对刀具磨损严重的材料。高钒高速钢刀具的寿命长，缺点是磨削加工性差。高钒高速钢的主要牌号有 W6Mo5Cr4V3、W12Cr4V4Mo 等。

5）粉末冶金高速钢

前面介绍的高速钢都是用一般冶炼方法制造的（冶炼→钢锭→锻造→加工成刀具），其金相组织存在着碳化物颗粒粗大及分布不均匀现象，影响切削性能的提高。而用粉末冶金法制造的高速钢有效地解决了这个问题。粉末冶金高速钢的碳化物颗粒细小且分布均匀，热处理变形很小，可磨削性能得到明显提升。粉末冶金高速钢的耐用度较高。

我国生产的粉末冶金高速钢有钢铁研究总院生产的 FT15 和 FR71，上海材料研究所研制的 PT1、PVN，北京市粉末冶金研究所有限责任公司研制的 GF1、GF2、GF3 等。

2. 硬质合金

硬质合金是以高硬度难熔金属的碳化物（WC、TiC）微米级粉末为主要成分，以钴或镍（Ni）、钼（Mo）为黏结剂，在真空炉或氢气还原炉中烧结而成的粉末冶金制品。硬质合金具有硬度高、耐磨、强度和韧性较好、耐热、耐腐蚀等一系列优良性能，特别是它的高硬度和耐磨性，即使在 500℃的温度下也基本保持不变，1000℃时仍有很高的硬度。硬质合金刀具的切削速度可比高速钢刀具的切削速度高 4～10 倍。

我国目前生产的硬质合金主要分为 3 类。

1）K 类（YG）

K 类即钨钴类，由碳化钨和钴组成，其硬度为 89～91.5HRA（65HRC = 83.6HRA，当洛氏硬度大于 65 时，用 HRA 表示；当洛氏硬度小于 65 时，用 HRC 表示），耐热性为 800～900℃，主要用于加工铸铁、有色金属及非金属材料。这类硬质合金的韧性较好，但硬度和耐磨性较差，常用的牌号有 YG8、YG6、YG3，由它们制造的刀具依次适用于粗加工、半精加工和精加工。其中的数字表示钴含量的百分数，YG6 即钴含量为 6%，含钴越多，韧性越好。K 类硬质合金不适合加工钢料，因其切削温度达 640℃时，刀具与钢会产生黏结，使刀具发生黏结磨损。

2）P 类（YT）

P 类即钨钴钛类，由碳化钨、碳化钛和钴组成，其硬度为 89.5～92.5 HRA，耐热性为 900～1000℃，主要用于加工塑性材料。这类硬质合金的耐热性和耐磨性较好，但抗冲击韧性较差，适用于加工钢料等韧性材料。它常用的牌号有 YT5、YT15、YT30 等，其中 T 后面的数字代表碳化钛的百分含量，碳化钛的含量越高，材料的耐磨性越好、韧性越低。由这 3 种牌号的硬质合金制造的刀具分别适用于粗加工、半精加工和精加工。

3）M 类（YW）

M 类即钨钴钛钽铌类，由在钨钴钛类硬质合金中加入少量的稀有金属碳化物（TaC 或 NbC）组成，其抗弯强度、疲劳强度、耐热性、高温硬度和抗氧化能力都有很大的提高。它具有前两类硬质合金的优点，用其制造的刀具既能加工脆性材料，又能加工韧性材料，还能加工高温合金、耐热合金及合金铸铁等难加工材料。它常用的牌号有 YW1、YW2。

3．陶瓷

常用陶瓷刀具材料是以 Al_2O_3 或 Si_3N_4 为基体材料在高温下烧结而成的，其硬度值可达 91～95HRA，其耐磨性比硬质合金高十几倍，适合加工冷硬铸铁和淬硬钢。在 1200℃高温下，它仍能切削，高温硬度可达 80HRA，540℃时的硬度为 90HRA，切削速度比硬质合金高 2～10 倍；具有良好的抗黏结性能，与多种金属的亲和力小；化学稳定性好，即使在熔化时，也不与钢起相互作用，抗氧化能力强。

陶瓷刀具最大的缺点是脆性大、抗弯强度和冲击韧性低、导热性差。

4．氮化硼（CNB）

氮化硼是人工合成的超硬刀具材料，其硬度可达 7300～9000HV，仅次于金刚石的硬度。而且，它的热稳定性好，可耐 1300～1500℃高温，与铁族材料的亲和力小（在 1200～1300℃温度下也不会与铁族金属起反应）。但它的强度低、焊接性差。它既能胜任淬火钢、冷硬铸铁的粗车和精车工作，又能胜任高温合金、热喷涂材料、硬质合金及其他难加工材料的高速切削工作。氮化硼刀具非常适合数控机床加工。

5．金刚石

金刚石分人造和天然两种，做切削刀具的材料大多数是人造金刚石，其硬度极高，可达 10000HV（硬质合金的硬度仅为 1300～1800HV）。它的耐磨性是硬质合金的 80～120 倍。但它的韧性差，对铁族材料的亲和力大，因此一般不宜加工黑色金属，主要用于硬质合金、玻璃纤维塑料、硬橡胶、石墨、陶瓷、有色金属等材料的高速精加工。

5.2.3　刀具的种类

数控铣床（加工中心）使用的刀具由刃具和刀柄两部分组成。刃具有面加工用的各种铣刀和孔加工用的钻头、镗刀、铰刀、丝锥等。

1．铣刀的种类

铣刀的种类较多，但常用的有面铣刀、立铣刀、模具铣刀、键槽铣刀、倒角刀、螺纹铣刀等。

1）面铣刀

面铣刀的圆周表面和端面上都有切削刃，端部切削刃为副切削刃，常用于端铣较大的平面。面铣刀多制成套式镶齿结构，刀齿材料为高速钢或硬质合金，刀体材料为 40Cr。

国家标准规定，高速钢面铣刀的直径 d 为 50～315mm，螺旋角 β 为 10°，刀齿数 Z 为 4～26。

硬质合金面铣刀与高速钢面铣刀相比，其铣削速度较高、加工表面质量较好，并可加工带有硬皮和淬硬层的工件，故得到广泛应用，如图 5-31 所示。

2）立铣刀

立铣刀是数控铣削中最常用的一种铣刀，如图 5-32 所示。立铣刀的圆柱表面和端面上都有切削刃，圆柱表面上的切削刃为主切削刃，端面上的切削刀为副切削刃。主切削刃一般为螺旋齿，这样可以提升切削平稳性和加工精度。由于普通立铣刀的端面中心无切削刃，因此不能做轴向进给，端面刃主要用来加工与侧面相垂直的底平面。

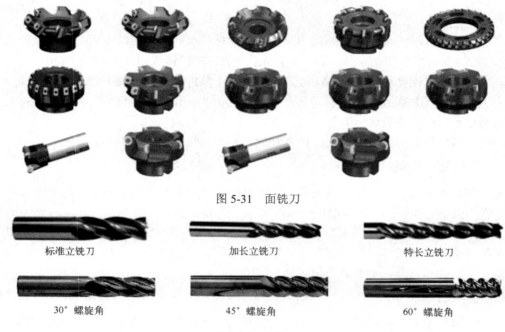

图 5-31　面铣刀

标准立铣刀　　　　　　　加长立铣刀　　　　　　　特长立铣刀

30°螺旋角　　　　　　　45°螺旋角　　　　　　　60°螺旋角

图 5-32　立铣刀

为了改善切屑卷曲情况，增大容屑空间，防止切屑堵塞，减少刀齿数，增大容屑槽圆弧半径，一般粗齿立铣刀的刀齿数为 3～4，细齿立铣刀的刀齿数为 5～8。当立铣刀的直径较大时，一般制造成可转位刀片式立铣刀，如图 5-33 所示；还可制成不等齿距结构，以增强抗震作用，使切削过程平稳。

图 5-33　可转位刀片式立铣刀

标准立铣刀的螺旋角 β 为 30°、45°、60°。国家标准规定，立铣刀的直径为 2～50mm，可分为粗齿与细齿两种。其中，直径为 2～20mm 的立铣刀为直柄刀具。

3）模具铣刀

模具铣刀由立铣刀发展而成，适用于加工空间曲面工件，有时也用于平面类工件上有较大转接凹圆弧的过渡加工。模具铣刀可分为圆弧铣刀、锥形铣刀（见图 5-34，圆锥半角 $\alpha/2 = 3°$、5°、7°、10°）、圆柱形球头铣刀（见图 5-35）、圆锥形球头铣刀（见图 5-36）4 种，刀齿数一般为 1～4，其柄以普通直柄和削平型直柄为主。它的结构特点是球头或端面上布满了切削刃，圆周刃与球头刃圆弧连接，可以做径向和轴向进给。模具铣刀工作部分用高速钢或硬质合金制造。

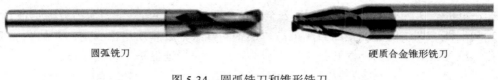

圆弧铣刀　　　　　　　　　　　　　硬质合金锥形铣刀

图 5-34　圆弧铣刀和锥形铣刀

硬质合金圆柱形球头铣刀　　　　　　　可转位圆柱形球头铣刀

图 5-35　圆柱形球头铣刀

4）键槽铣刀

键槽铣刀有两个刀齿，圆柱面和端面都有切削刃，端面刃延至中心，既像立铣刀，又像钻头，如图 5-37 所示。在使用键槽铣刀加工工件时，先轴向进给达到槽深，然后沿键槽方向铣出键槽全长。

图 5-36　圆锥形球头铣刀

图 5-37　键槽铣刀

国家标准规定，直柄键槽铣刀的直径 d 为 2～22mm，键槽铣刀直径的偏差有 e8 和 d8 两种。键槽铣刀的圆周切削刃仅在靠近端面的一小段长度内发生磨损，重磨时，只需刃磨端面上的切削刃即可，因此重磨后铣刀直径不变。

5）倒角刀

工件倒角是机械中最常见、最普通的要求，工件倒角后便于装配，也能降低应力集中程度，还能防止尖角对操作人员造成伤害。倒角刀目前有单刃、双刃、多刃（3 刃以上）几种，有整体式和可转位两种形式，如图 5-38 所示，倒角角度有 30°、45°。

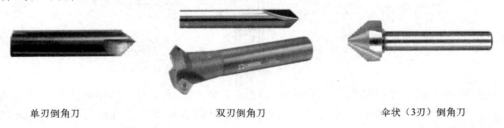

单刃倒角刀　　　　　　　双刃倒角刀　　　　　　　伞状（3刃）倒角刀

图 5-38　倒角刀

6）螺纹铣刀

螺纹铣刀主要应用于公制粗牙螺纹和公制细牙螺纹（大直径），并适合所有材料的加工。现在常用的螺纹铣刀有整体螺纹铣刀和梳齿螺纹铣刀，如图 5-39 所示。一把刀具可以加工同螺距、直径不同的螺孔（但螺孔深度不能太深）。它特别适合于硬工件、长卷屑工件、半个螺纹、盲孔螺纹、小功率机床等。螺纹铣削中能加工出螺纹的全牙形，整个螺纹的精度高，能产生非常好的表面光洁度且排屑容易、安全。在加工中出现的螺纹铣刀崩刃故障也很好处理，不会影响工件。螺纹铣削加工的效率很高，加工的螺纹精度和质量很稳定，尤其在加工大直径内孔螺纹时，对主轴的功率和扭矩要求很小，可以很好地保护主轴的精度。

整体螺纹铣刀　　　　　　　　　　　梳齿螺纹铣刀

图 5-39　螺纹铣刀

2．孔加工刀具的种类

孔加工刀具较多，常用的有麻花钻、可转位浅孔钻/扩孔钻、镗刀、铰刀等。

1）麻花钻

钻孔一般采用麻花钻，麻花钻的材料有高速钢和硬质合金两种，在冷却类型上有外冷却和内冷却之分，如图 5-40 所示。麻花钻的切削部分有两个主切削刃、两个副切削刃和一个横刃。两个螺旋槽是切屑流经的表面，为前刀面；与工件过渡表面（孔底）相对的端部两曲面为主后刀面；与工件已加工表面（孔壁）相对的两条刃带为副后刀面。前刀面与主后刀面的交线为主切削刃，前刀面与副后刀面的交线为副切削刃，两个主后刀面的交线为横刃。横刃与主切削刃在端面上的投影之间的夹角称为横刃斜角，横刃斜角 ψ 为 $50°\sim55°$；主切削刃上各点的前角、后角是变化的，外缘处的前角约为 $30°$，钻心处的前角接近 $0°$，甚至是负值；两条主切削刃在与其平行的平面内的投影之间的夹角为顶角，标准麻花钻的顶角满足 $2\phi = 118°$。

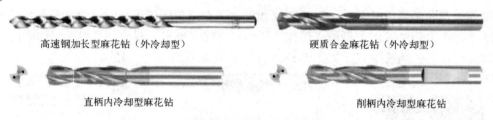

高速钢加长型麻花钻（外冷却型）　　　　　硬质合金麻花钻（外冷却型）

直柄内冷却型麻花钻　　　　　　　　　削柄内冷却型麻花钻

图 5-40　麻花钻

根据柄部不同，麻花钻有莫氏锥柄和圆柱柄两类。直径为 12～80mm 的麻花钻多为莫氏锥柄类，可直接装在带有莫氏锥孔的刀柄内，刀具长度不能调节。直径为 0.1～12mm 的麻花钻多为圆柱柄类，可装在钻夹头刀柄上。

麻花钻有标准型和加长型两种。

在数控铣床（加工中心）上钻孔，因无夹具钻模导向，受两切削刃上切削力不对称的影响，容易引起钻孔偏斜，所以要求钻头的两切削刃必须有较高的刃磨精度。

2）可转位浅孔钻/扩孔钻

标准可转位扩孔钻一般有两个主切削刃，切削部分的材料为高速钢或硬质合金，结构形式有直柄式、锥柄式两种。可转位扩孔钻的主切削刃较短，因此刀体的强度和刚度较好。它无麻花钻的横刃，加之其刀齿多，故其导向性好，切削平稳，加工质量和生产效率都比麻花钻高，如图 5-41 所示。

可转位浅孔钻的钻深一般为直径的 3 倍。它采用了削平型直柄接口，良好的冷却喷口设计有助于降低切削温度和清除铁屑，延长刀片寿命。更换不同材质的刀片可用于加工不同材料的工件，节约了采购成本。它具有较高的生产效率和性价比，如图 5-42 所示。

图 5-41　可转位扩孔钻

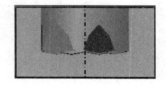

图 5-42　可转位浅孔钻

3）镗刀

镗孔所用刀具为镗刀。镗刀种类很多，按切削刃的数量可分为单刃镗刀和双刃镗刀，如图 5-43 所示。

单刃镗刀　　　　　　　双刃镗刀

图 5-43　镗刀

单刃镗刀的刚性差，切削时易引起振动，因此其主偏角选得较大，以减小径向力。在镗铸铁孔或精镗时，一般取 $k_r = 90°$；在粗镗钢件孔时，取 k_r 为 60°～75°，以提高刀具的耐用度。

对于单刃镗刀，镗孔孔径的大小要靠调整刀具的悬伸长度来保证，调整麻烦，效率低，只能用于单件小批量生产。但单刃镗刀结构简单，适应性较广，粗、精加工都适用。

在孔的精镗中，目前较多选用精镗微调镗刀，如图 5-44 所示。这种横刀的径向尺寸可以在一定范围内微调，调节方便，且精度高。在调整尺寸时，先松开锁紧螺钉，然后转动带刻度盘的调整螺母，等调至所需尺寸后拧紧锁紧螺钉，使用时应保证锥面靠近大端接触（镗杆 90°锥孔的角度公差为负值），且与直孔部分同心。

镗削大直径的孔可选用如图 5-45 所示的双刃大直径镗刀。这种镗刀头部可以在较大范围内进行调整，且调整方便，最大镗孔直径可达 1000mm。

双刃镗刀的两端有一对对称的切削刃同时参与切削，与单刃镗刀相比，其每转进给量可提高为原来的 2 倍左右，生产效率高；同时，可以消除切削力对镗杆的影响。

图 5-44　精镗微调镗刀　　　　　　　　图 5-45　双刃大直径镗刀

4）铰刀

加工中心使用的铰刀多是通用标准铰刀。此外，还有左螺旋槽型铰刀和右螺旋槽型铰刀，如图 5-46 所示。

在加工精度为 IT7～IT10 级、表面粗糙度 Ra 为 0.8～1.6μm 的孔时，多选用通用标准铰刀。

通用标准铰刀有直柄、锥柄两种，如图 5-46 所示。锥柄铰刀的直径为 10～32mm，直柄铰刀的直径为 6～20mm，小孔直柄铰刀的直径为 1～6mm。

直柄铰刀　　　　　　　　　　　　锥柄铰刀

左螺旋槽型铰刀　　　　　　　　　右螺旋槽型铰刀

图 5-46　铰刀

铰刀工作部分包括切削部分与校准部分。切削部分为锥形，担负主要切削工作。切削部分的主偏角为 5°～15°，前角一般为 0°，后角一般为 5°～8°。校准部分的作用是校正孔径、修光孔壁和导向。为此，这部分带有很窄的刃带（$\gamma_0 = 0°$，$\alpha_0 = 0°$）。校准部分又包括圆柱部分和倒锥部分。圆柱部分保证铰刀直径和便于测量，倒锥部分可减少铰刀与孔壁的摩擦、减小孔径扩大量。

5.2.4　可转位刀片型号表示规则

国内外硬质合金厂生产的切削用可转位刀片（包括车刀片和铣刀片）的型号都符合 GB/T 2076—2021（等效于 ISO 1832:2017）标准。可转位刀片型号是由给定意义的字母和数字按一定顺序排列的 9 个代号组成的（前 7 个代号是必需的，后 2 个代号在需要时添加）：

刀片形状代号（见表 5-1）+刀片法后角代号（见表 5-2）+尺寸允许偏差等级代号（见表 5-3～表 5-5）+夹固形式及有无断屑槽代号（见表 5-6）+刀片长度代号（见表 5-7）+刀片厚度代号（见表 5-8）+刀尖形状代号（见表 5-9）+切削刃截面形状代号（见表 5-10）+刀片切削方向、应用及进给方向代号（见表 5-11）。具体型号如 T P G T 16 T3 AP S R。

注：本节中的表 5-1～表 5-11 均引自 GB/T 2076—2021。

表 5-1　刀片形状代号（代号①表示规则）

类别		字母代号	形状说明	刀尖角，ε	示意图
I	等边等角刀片	H	正六边形刀片	120°	⬡
		O	正八边形刀片	135°	⯃
		P	正五边形刀片	108°	⬠
		S	正方形刀片	90°	▢
		T	正三角形刀片	60°	△
II	等边不等角刀片	C	菱形刀片	80°ᵃ	▱
		D		55°ᵃ	
		E		75°ᵃ	
		M		86°ᵃ	
		V		35°ᵃ	
		W	凸三角形刀片	80°ᵃ	△
III	等角不等边刀片	L	矩形刀片	90°ᵃ	▭
IV	不等边不等角刀片	A	平行四边形刀片	85°ᵃ	▱
		B		82°ᵃ	
		K		55°ᵃ	
V	圆形刀片	R	圆形刀片	—	◯
a 所示刀尖角是指较小的角度。					

表 5-2　刀片法后角代号（代号②表示规则）

字母代号
常规刀片法后角，依托主切削刃（见表内示意图）从表内所列代号中选取。 如果所有的切削刃都用来做主切削刃（不管法后角是否不同），用较长一段切削刃的法后角来选择法后角表示代号，这段较长的切削刃也被看作主切削刃，表示刀片长度（见代号⑤表示规则）。

A-3°
B-5°
C-7°
D-15°
E-20°
F-25°
G-30°
N-0°
P-11°
O-其他需要专门说明的法后角

刀片尺寸包括：d（刀片内切圆直径）、s（刀片厚度）及 m。图 5-47～图 5-49 三种图示情况的 m 值有所不同。

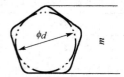

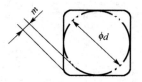

刀片边为奇数，刀尖为圆角

图 5-47　第一种情况

刀片边为偶数，刀尖为圆角

图 5-48　第二种情况

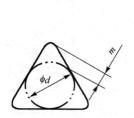

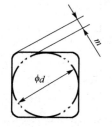

带修光刃的刀片

图 5-49　第三种情况

表 5-3　尺寸允许偏差等级代号（代号③表示规则）

字母代号	公制允许偏差（mm）			英制允许偏差（in）		
	d	m	s	d	m	s
A[a]	±0.025	±0.005	±0.025	±0.001	±0.0002	±0.001
F[a]	±0.013	±0.005	±0.025	±0.0005	±0.0002	±0.001
C[a]	±0.025	±0.013	±0.025	±0.001	±0.0005	±0.001
H	±0.013	±0.013	±0.025	±0.000 5	±0.0005	±0.001
E	±0.025	±0.025	±0.025	±0.001	±0.001	±0.001
G	±0.025	±0.025	±0.13	±0.001	±0.001	±0.005
J[a]	±0.05[b]～±0.15[b]	±0.005	±0.025	±0.002[b]～±0.006[b]	±0.0002	±0.001
K[a]	±0.05[b]～±0.15	±0.013	±0.025	±0.002[b]～±0.006[b]	±0.0005	±0.001
L[a]	±0.05[b]～±0.15[b]	±0.025	±0.025	±0.002[b]～±0.006[b]	±0.001	±0.01
M	±0.05[b]～±0.15[b]	±0.08[b]～±0.2[b]	±0.13	±0.002[b]～±0.006[b]	±0.003[b]～±0.008[b]	±0.005
N	±0.05[b]～±0.15[b]	±0.08[b]～±0.2[b]	±0.025	±0.002[b]～±0.006[b]	0.003[b]～±0.008[b]	±0.001
U	±0.08[b]～±0.25[b]	±0.13[b]～±0.38[b]	±0.13	±0.003[b]～±0.01[b]	±0.005[b]～±0.015[b]	±0.005
a 通常适用于带修光刃的可转位刀片。						
b 允许偏差取决于刀片尺寸的大小（见表 5-4、表 5-5），每种刀片的尺寸允许偏差应按其相应的尺寸标准表示。						

形状为 H、O、P、S、T、C、E、M、W 和 R 的刀片，其 d 尺寸的 J、K、L、M、N 和 U 级允许偏差；刀尖角大于或等于 60° 的形状为 H、O、P、S、T、C、E、M 和 W 的刀片，其 m 尺寸的 M、N 和 U 级允许偏差；均应符合表 5-4 的规定。

表 5-4　尺寸允许偏差规定 1

内切圆直径 d		d 允许偏差				m 允许偏差			
		J、K、L、M、N 级		U 级		M、N 级		U 级	
mm	in	mm	in	mm	in	mm	in	mm	in
4.76	3/16	±0.05	±0.002	±0.08	±0.003	±0.08	±0.003	+0.13	±0.005
5.56	7/32								
6[a]	—								
6.35	1/4								
7.94	5/16								
8[a]	—								
9.525	3/8								
10[a]	—								
12[a]	—	±0.08	±0.003	±0.13	±0.005	±0.13	±0.005	±0.2	±0.008
12.7	1/2								
15.875	5/8	±0.1	±0.004	±0.18	±0.007	±0.15	±0.006	±0.27	±0.011
16[a]	—								
19.05	3/4								
20[a]	—								
25[a]	—	±0.13	±0.005	±0.25	±0.01	±0.18	±0.007	±0.38	±0.015
25.4	1								
31.75	1¼	±0.15	±0.006	±0.25	±0.01	±0.2	±0.008	±0.38	±0.15
32[a]	—								
刀片形状		H	O	P	S	T	C、E、M	W	R(只有 d 的允许偏差)
		⬡	⬠	⬠	□	△	▱	△	○

a 只适用于圆形刀片。

　　刀尖角为 55°（D 形）、35°（V 形）的菱形刀片，其 m 尺寸、d 尺寸的 M、N 级允许偏差应符合表 5-5 的规定。

表 5-5　尺寸允许偏差规定 2

内切圆直径 d		d 允许偏差		m 允许偏差		刀片形状
		M、N 级		M、N 级		
mm	in	mm	in	mm	in	
5.56	7/32	±0.05	±0.002	±0.11	±0.004	D
6.35	1/4					
7.94	5/16					
9.525	3/8					
12.7	1/2	±0.08	±0.003	±0.15	±0.006	
15.875	5/8	±0.1	±0.004	±0.18	±0.007	
19.05	3/4					

续表

内切圆直径 d		d 允许偏差		m 允许偏差		刀片形状
		M、N 级		M、N 级		
6.35	1/4					V
7.94	5/16	±0.05	±0.002	±0.16	±0.006	
9.525	3/8					
12.7	1/2	±0.08	±0.003	±0.25	±0.010	

表 5-6　夹固形式及有无断屑槽代号（代号④表示规则）

字母代号	固定方式	断屑槽 [a]	示意图
N	无固定孔	无断屑槽	
R		单面有断屑槽	
F		双面有断屑槽	
A	有圆形固定孔	无断屑槽	
M		单面有断屑槽	
G		双面有断屑槽	
W	单面有 40°～60°固定沉孔	无断屑槽	
T		单面有断屑槽	
Q	双面有 40°～60°固定沉孔	无断屑槽	
U		双面有断屑槽	
B	单面有 70°～90°固定沉孔	无断屑槽	
H		单面有断屑槽	
C	双面有 70°～90°固定沉孔	无断屑槽	
J		双面有断屑槽	
X [b]	需要详细说明的尺寸或细节，附图形或附加说明	—	

a　断屑槽的说明见 ISO 3002-1。

b　不等边刀片通常在④号位用符号 X 表示，刀片宽度的测定（垂直于主切削刃或垂直于较长的边）以及刀片结构的特征需要予以说明。

没有列入代号①表示规则的刀片形状不应用字母代号 X 表示。

表 5-7 刀片长度代号（代号⑤表示规则）

类别	数字代号
I - II 等边形刀片	——在采用公制单位时，用舍去小数部分的刀片切削刃的长度值表示。如果结果只有一位数字，则在数字前加 "0"。 示例：切削刃长度：　　　15.5mm 　　　　表示代号：　　　　15 　　　　切削刃长度：　　　9.525mm 　　　　表示代号：　　　　09 ——在采用英制单位时，用刀片内切圆的数值作为表示代号。数值取按 1/8in 为单位测量得到的分数的分子。 a）当数值是整数时，用一位数字表示。 示例：内切圆直径：　　　1/2in 　　　　表示代号：　　　　4（1/2 = 4/8） b）当数值非整数时，用两位数字表示。 示例：内切圆直径：　　　5/16in 　　　　表示代号：　　　　2.5（5/16 = 2.5/8） 注：附录 A 给出了等边形刀片常用标准内切圆直径的代号。
III-IV 不等边形刀片	通常用主切削刃或较长边的尺寸值作为表示代号，刀片其他尺寸在④号位用符号 X 表示，并附示意图或加以说明。 ——在采用公制单位时，用舍去小数部分的长度值表示。 示例：主切削刃长度：　　　19.5mm 　　　　表示代号：　　　　19 ——在采用英制单位时，用按 1/4in 为单位测量得到的分数的分子表示。 示例：主切削刃长度：　　　3/4in 　　　　表示代号：　　　　3
V 圆形刀片	——在采用公制单位时，用舍去小数部分的数表示。 示例：刀片尺寸：　　　15.875mm 　　　　表示代号：　　　　15 对公制圆形尺寸，结合代号⑦表示规则中的特殊代号（见 5.7），上述规则同样适用。 ——在采用英制单位时，表示方法与等边形刀片相同（见 I - II）。

刀片厚度（s）是指刀尖切削刃与对应的刀片支撑面之间的距离，如图 5-50 所示。

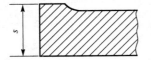 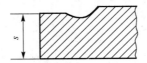 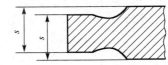

图 5-50 刀片厚度

表 5-8 刀片厚度代号（代号⑥表示规则）

数字代号
——在采用公制单位时，用舍去小数部分的刀片厚度值表示。如果结果只有一位数字，则在数字前加 "0"。 示例：刀片厚度：　　　3.18mm 　　　　表示代号：　　　　03 特殊情况下，厚度为 1.98mm 和 3.97mm 的刀片，为了区别厚度为 1.59mm（代号 01）和 3.18mm（代号 03）的刀片，则将小数部分大的刀片代号用 "T" 代替 "0"。

数字代号
示例： 刀片厚度：　　　　3.97mm 　　　　表示代号：　　　　T3 ——在采用英制单位时，刀片厚度用按 1/16in 为单位测量得到的分数的分子表示。 a）当数值是整数时，用一位数字表示。 **示例：** 刀片厚度：　　　　1/8in 　　　　表示代号：　　　　2（1/8 = 2/16） b）当数值非整数时，用两位数字表示。 **示例：** 刀片厚度：　　　　3/32in 　　　　表示代号：　　　　1.5（3/32 = 1.5/16） 注：附录 B 给出了标准刀片厚度的代号。

表 5-9　刀尖形状代号（代号⑦表示规则）

数字或字母代号
a）若刀尖角为圆角，则其表示代号为： 　　——在采用公制单位时，用按以 0.1mm 为单位测量得到的圆弧半径值表示，如果数值小于 10，则在数字前加 "0"。 　　　　**示例：** 刀尖圆弧半径：　0.8mm 　　　　　　　表示代号：　　08 　　　　如刀尖角不是圆角，用代号 "00" 表示。 　　——在采用英制单位时，则用下列代号表示： 　　　　0—尖角（非圆形） 　　　　1—圆弧半径 1/64in 　　　　2—圆弧半径 1/32in 　　　　3—圆弧半径 3/64in 　　　　4—圆弧半径 1/16in 　　　　6—圆弧半径 3/32in 　　　　8—圆弧半径 1/8in 　　　　X—其他尺寸圆弧半径 b）若刀片具有修光刃，则用下列代号表示。

表示主偏角 k_r 大小的代号：　　　　　　　　　表示修光刃法后角 α'_n 大小的代号：

A—45°　　　　　　　　　　　　　　　　　A—3°
D—60°　　　　　　　　　　　　　　　　　B—5°
E—75°　　　　　　　　　　　　　　　　　C—7°
F—85°　　　　　　　　　　　　　　　　　D—15°
P—90°　　　　　　　　　　　　　　　　　E—20
Z—其他角度　　　　　　　　　　　　　　　F—25°
　　　　　　　　　　　　　　　　　　　　G—30°
　　　　　　　　　　　　　　　　　　　　N—0°
　　　　　　　　　　　　　　　　　　　　P—11°
　　　　　　　　　　　　　　　　　　　　Z—其他修光刃法后角

注 1：修光刃是副切削刃的一部分。

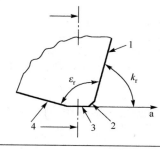
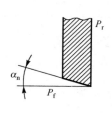

数字或字母代号
标引序号说明： 1——主切削刃； 2——倒角刀尖； 3——修光刃； 4——副切削刃。 a　假定进给方向 注2：具有修光刃的刀片，有无倒角刀尖取决于其类型，本文件没有对其进行规定。标准刀片有无倒角刀尖体现在尺寸标准上，非标准刀片则由供应商的产品样本给出。 c）圆形刀片位置7的表示规则，应视使用单位制式的情况区别表示： 　　——直径采用英制单位转换得到时，用"00"表示； 　　——直径采用公制单位时，用"M0"表示。

表 5-10　切削刃截面形状代号（代号⑧表示规则）

字母代号	切削刃截面形状	示意图
F	尖锐刀刃	
E	倒圆刀刃	
T	倒棱刀刃	
S	倒棱倒圆刀刃	
K	双倒棱刀刃	
P	双倒棱倒圆刀刃	

表 5-11　刀片切削方向、应用及进给方向代号（代号⑨表示规则）

字母代号	切削方向	刀片的应用	示意图
R	右切	适用于非等边、非对称角、非对称刀尖、有或没有非对称断屑槽刀片，只能用该进给方向	a 进给方向
L	左切	适用于非等边、非对称角、非对称刀尖、有或没有非对称断屑槽刀片，只能用该进给方向	a 进给方向

续表

字母代号	切削方向	刀片的应用	示意图
N	双向	适用于有对称刀尖、对称断屑槽的刀片，允许采用两个进给方向	 a 进给方向

5.3 使用切削工具时的安全及注意事项

数控铣床（加工中心）的切削工具在使用时的安全及注意事项如表 5-12 所示。

表 5-12 数控铣床（加工中心）的切削工具在使用时的安全及注意事项

危险性	防护措施
直接接触切削刀具锋利的刀刃可能对人体造成伤害	在机床上安装或拆卸切削工具时，请使用手套等安全防护用品
不恰当地使用刀具可导致其破损，附件飞出，对操作者造成伤害	使用前先查看说明书和安全标准
	请使用防护眼镜和防护服
过度磨损和剧烈冲击使切削抵抗力剧增，可能导致刀具破裂而飞溅，对操作者造成伤害	及时更换过度磨损的刀具
	请使用防护眼镜和防护服
切削过程中的切屑可能对操作者造成烫伤和划伤伤害	及时使用钳子等工具清除切屑
	请使用防护眼镜和防护服、防护手套
切削过程中产生的火花和高温切屑有引发火灾与爆炸的危险	清除在切削区域的易燃易爆物品
	请做好灭火器材准备工作
高速运行的机床由于夹具等的平衡性差而引起剧烈振动，导致刀具破损	在切削前，检查设备是否有松动或异常声音
	请使用防护眼镜和防护服
被加工工件上的毛刺等缺陷非常锋利，很容易划伤人体	请不要触摸被加工工件上的毛刺
	请使用防护手套和防护服
没有夹紧被加工工件就直接进行加工会造成刀具破损和被加工工件的飞溅	必须把被加工工件牢牢夹住
	请使用防护眼镜和防护服
在刀片或刀片附件没有被紧固妥当的情况下切削有刀具脱落飞出造成伤害的危险	加工前先确认刀片及其他附件已经用恰当的工具紧固妥当
用螺销或压板等辅助工具过分紧固时，刀片或刀具有破碎飞溅的危险	请不要使用套管等辅助工具过分紧固
刀片或附件在高速切削时，有可能因惯性离心力的作用而脱落飞出	请在推荐范围内使用刀具
	请使用防护眼镜和防护服
由于铣削刀具的边很锋利，因此直接用手触摸有被划伤的危险	在必须接触刀片的情况下戴好防护手套
在旋转切削过程中，衣服、手套等很容易被绞到高速运行的设备上，造成人员伤亡	在旋转切削过程中，请不要戴手套
	时刻注意不要让衣服等接触运行中的机床部件

危险性	防护措施
偏心旋转或平衡不良的工具在旋转加工时会产生晃动振动而破损飞散导致伤害	请在允许转速范围内使用刀具
	定期检查机械的平衡性能
在高速切削时，高速飞出的切屑有可能造成人身伤害	使用安全罩、保护屏、外罩等
	请使用防护眼镜和防护服、防护手套
在用尺寸极小的刀具进行钻削时，容易造成刀具折断飞溅和无法取出的可能	减小刀具的振动和在合适的运行速度下加工
	请使用防护眼镜和防护服、防护手套
在规定用途外使用刀具，会导致机床和刀具的加速损坏，并引发其他危险	请按照说明和规定使用

第 6 章　数控铣床（加工中心）1+X 考证操作加工示例

6.1　考核要求

考核要求参见 3.1 节内容。

6.2　考核内容及考件

完成以下考核任务。

（1）职业素养。（8 分）

（2）根据机械加工工艺过程卡完成指定工件的机械加工工序卡、数控加工刀具卡、数控加工程序单。（12 分）

（3）工件编程及加工。（80 分）

① 按照任务书要求，完成工件的加工。（75 分）

② 根据工件自检表完成工件的部分尺寸自检。（5 分）

（4）考核提供的考件如表 6-1 所示。

表 6-1　考核提供的考件

序号	工件名称	材料	规格	数量	备注
1	轴承座	2A12 铝	80mm×80mm×25mm	1	毛坯

6.3　计算机配置及 CAD/CAM 等相关软件

1. 计算机配置

每个工位配置的计算机都要符合 CAD/CAM 软件运行要求，并与数控机床实现数据通信连接。

处理器：不低于 i5 或兼容处理器，主频 2GHz 以上。

内存：不低于 4GB。

硬盘：可用磁盘空间（用于安装）不低于 10GB。

操作系统：Windows 10 操作系统。

2．CAD/CAM 软件

考场统一提供多种主流软件。工位计算机安装 NX、MasterCAM 、CAXA、Cimatron 等新版 CAD/CAM 软件。

3．其他软件

WPS 或 Office 办公自动化软件等。

6.4　工具及附件清单

1．考点提供的工具及附件清单

考点提供的工具及附件清单如表 6-2 所示。

表 6-2　考点提供的工具及附件清单

序号	名称	规格	数量
1	油石	长条形	1
2	毛刷	2 寸	1
3	棉布	棉质	若干
4	胶木榔头	40mm	1
5	活动扳手	10 寸	1
6	卸刀扳手	—	1
7	锉刀	10 寸	1
8	DNC 连线及通信软件/U 盘	—	各 1
9	高性能计算机	—	1
10	精密虎钳	—	1
11	铣床上提供单独三爪卡盘	—	1
12	V 形块	—	1
13	等高铁	—	1
14	卸刀座	与 BT40 配套	2

2．考点提供的刀具、量具

（1）刀具清单（建议，不许带成型刀具）如表 6-3 所示。

表 6-3　刀具清单

序号	名称	规格	数量
1	平底立铣刀	$\phi16$、$\phi12$、$\phi10$、$\phi8$、$\phi6$	各 1
2	球头刀	$\phi10$、$\phi8$、$\phi6$	各 1
3	麻花钻	$\phi9.8$、$\phi8.3$、$\phi7.8$、$\phi6.8$	各 1
4	麻花钻	$\phi10$、$\phi8$	各 1

续表

序号	名称	规格	数量
5	手绞刀/机用绞刀	ϕ10H8、ϕ8H8	各1
6	丝锥	M10、M8	各1
7	铰手	自定	1
8	倒角刀	ϕ10	1
9	刀柄	BT40	自定
10	弹簧夹头	与刀柄、刀具匹配	若干
11	计算器	—	1

（2）量具清单（建议）如表6-4所示。

表6-4　量具清单

序号	名称	规格	数量	序号	名称	规格	数量
1	百分表	0～6	1	8	内径千分尺	5～30mm	1
2	杠杆百分表	0～1	1	9	内径千分尺	25～50mm	1
3	磁力表座	自定	1	10	游标卡尺	0～150mm	1
4	外径千分尺	0～25mm	1	11	深度千分尺	0～25mm	1
5	外径千分尺	25～50mm	1	12	深度千分尺	25～50mm	1
6	外径千分尺	50～75mm	1	13	圆孔塞规	ϕ10H8、ϕ8H8	各1
7	外径千分尺	75～100mm	1	14	寻边器	自定	1

3．安全防护用品准备

现场操作数控机床需要穿戴如表6-5所示的安全防护用品。

表6-5　现场操作数控机床需要穿戴的安全防护用品

序号	项目名称	准备单位	备注
1	工作服	考生自带	
2	安全帽	考场提供	
3	电工鞋	考生自带	
4	防护眼镜	考生自带	

6.5　数控铣床（加工中心）操作考试工件图纸

数控铣床（加工中心）操作考试工件图纸如图6-1所示。

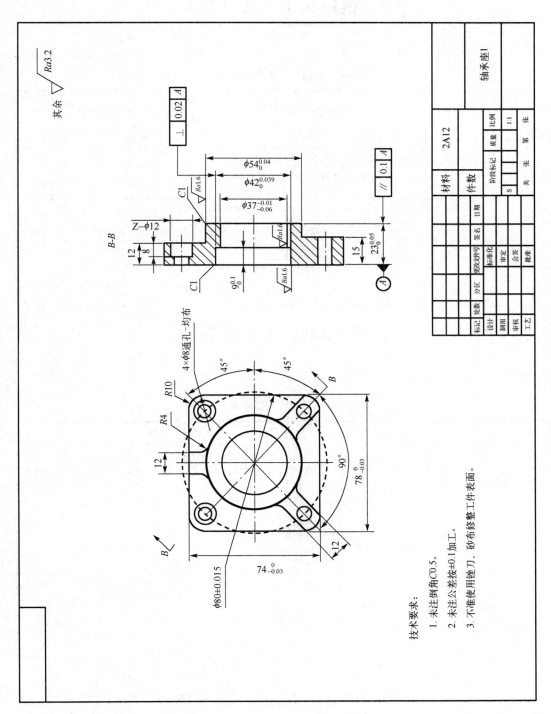

图 6-1　数控铣床（加工中心）操作考试工件图纸

6.6 机械加工工艺过程卡

机械加工工艺过程卡如表 6-6 所示。

表 6-6 机械加工工艺过程卡

工件名称		轴承座	机械加工工艺过程卡		毛坯种类	方料	共 1 页
					材料	2A12 铝	第 1 页
工序号	工序名称		工 序 内 容			设 备	工艺装备
10	备料		备料 80mm×80mm×25mm，材料为 2A12 铝				
20	数铣		粗、精铣反面平面、78mm×74mm×16mm 的外形、φ42、φ37 内孔及倒角			KDVM800	机用虎钳
30	数铣		粗、精铣正面平面、φ50 的圆台、12mm 3 等分凸台至图纸要求；钻 4-φ8、铣 2-φ12 内孔至图纸要求及倒角			KDVM800	机用虎钳
40	钳		锐边倒钝，去毛刺			钳台	台虎钳
50	清洗		用清洁剂清洗工件				
60	检验		按图样尺寸检测				
编写	×××	日期	×××	审核	×××	日期	×××

6.7 机械加工工序卡

机械加工工序卡如表 6-7 所示。

表 6-7 机械加工工序卡

工件名称	轴承座	机械加工工序卡		工序号		001	工序名称		共 页
									第 页
材料	2A12 铝	毛坯状态	80mm×80mm×30mm	机床设备		KDVM800	夹具		机用虎钳

工序号	工序内容	刀具规格	刀具材料	量具	背吃刀量/mm	进给量/（mm/min）	主轴转速/（r/min）
1	夹 80mm×80mm 外形，毛坯高出虎钳 18mm，铣出工件上表面（表面光平即可）	φ80	硬质合金	游标卡尺		120	800
2	粗铣 78mm×74mm×16mm 的外形	φ16	硬质合金	游标卡尺	16	180	800
3	精铣 78mm×74mm×16mm 的外形	φ16	硬质合金	外径千分尺	16	100	1200
4	粗铣 φ37 内孔	φ10	硬质合金	游标卡尺	6	150	800
5	精铣 φ37 内孔	φ10	硬质合金	内径千分尺	23	100	1500
6	粗铣 φ42 内孔	φ10	硬质合金	游标卡尺	9	150	800
7	精铣 φ42 内孔	φ10	硬质合金	内径千分尺	9	100	1500

续表

工序号	工序内容	刀具规格	刀具材料	量具	背吃刀量/mm	进给量/（mm/min）	主轴转速/（r/min）
8	倒角	$\phi 10$	硬质合金		1	150	1000
9	调头结合等高垫块夹 74mm 外形，工件高出虎钳 14mm 并校正			杠杆百分表			
10	铣工件上表面并保证总长	$\phi 80$	硬质合金	外径千分尺		120	800
11	粗铣 $\phi 50$ 的圆台	$\phi 16$	硬质合金	游标卡尺	8	150	800
12	精铣 $\phi 50$ 的圆台	$\phi 16$	硬质合金	外径千分尺	8	100	1500
13	粗铣 12mm 宽三角字	$\phi 8$	硬质合金	游标卡尺	3	150	1000
14	精铣 12mm 宽三角字	$\phi 8$	硬质合金	外径千分尺	3	100	1500
15	按图纸钻 4-$\phi 8$ 均布孔	$\phi 8$	高速钢	游标卡尺		80	1000
16	铣 2-$\phi 12$ 内孔至图纸要求	$\phi 6$	硬质合金	游标卡尺	8	80	1200
17	倒角	$\phi 10$	硬质合金		1	120	1000
编写	×××	日期	×××	审核	×××	日期	×××

6.8 数控加工刀具卡

数控加工刀具卡如表 6-8 所示。

表 6-8 数控加工刀具卡

工件名称		轴承座	数控加工刀具卡			工序号		001	
工序名称			设备名称	加工中心		设备型号		KDVM800	
工序号	刀具号	刀具名称	刀柄型号	刀具			补偿量/mm	备注	
				直径/mm	刀长/mm	刀尖半径/mm			
1	T1	盘铣刀	BT40	80					
2	T2	平底立铣刀	BT40	16			8		
3	T2	平底立铣刀	BT40	16			8		
4	T3	平底立铣刀	BT40	10			5		
5	T3	平底立铣刀	BT40	10			5		
6	T3	平底立铣刀	BT40	10			5		
7	T3	平底立铣刀	BT40	10			5		
8	T4	倒角刀	BT40	10			5		
9								工件调头	
10	T1	盘铣刀	BT40	80					
11	T2	平底立铣刀	BT40	16			8		
12	T2	平底立铣刀	BT40	16			8		
13	T5	平底立铣刀	BT40	8			4		
14	T5	平底立铣刀	BT40	8			4		
15	T6	麻花钻	BT40	8					
16	T7	平底立铣刀	BT40	6			3		
17	T4	倒角刀	BT40	10			5		
编写	×××	审核	×××	批准	×××	共 页	第 页		

6.9 数控加工程序单

数控加工程序单如表 6-9、表 6-10 所示。

表 6-9 数控加工程序单 1

数控加工程序单		产品名称		工件名称		轴承座	共 页
		工序号	1	工序名称		反面加工	第 页
序号	程序编号	工序内容	刀具	切削深度（相对最高点）		备注	
1	O2221	粗、精铣 78mm×74mm×16mm 外形	T02	16mm			
2	O2222	粗、精铣 ϕ37 内孔	T03	24mm			
3	O2223	粗、精铣 ϕ42 内孔	T03	9mm			
4	O2224	倒角	T04	1mm			

装夹示意图：

工件　钳口　工件

装夹说明：

编程/日期	×××	审核/日期	×××

表 6-10 数控加工程序单 2

数控加工程序单		产品名称		工件名称		轴承座	共 页
		工序号	1	工序名称		正面加工	第 页
序号	程序编号	工序内容	刀具	切削深度（相对最高点）	备注		
1	O2225	粗、精铣 ϕ50 的圆台	T02	8mm			
2	O2226	粗、精铣 12mm 宽三角字	T05	3mm			
3	O2227	钻孔	T06	17mm			
4	O2228	铣 2-ϕ12 内孔	T07	8mm			
5	O2229	倒角	T04	1mm			

数控加工程序单	产品名称		工件名称	轴承座	共　页
	工序号	1	工序名称	正面加工	第　页

装夹示意图：

钳口

工件

工件

装夹说明：
　　装夹时为防止表面夹伤和尺寸变形，应采取相应的措施并控制好夹紧力

编程/日期	×××	审核/日期	×××

6.10　工件自检表

工件自检表如表 6-10 所示。

表 6-10　工件自检表

工件名称	轴承座			允许读数误差		±0.007mm			考核师评价
序号	项目	尺寸要求/mm	使用的量具	测量结果				项目判定	
				NO.1	NO.2	NO.3	平均值		
1	内孔	$\phi 37^{+0.04}_{0}$						合　否	
2	外圆	$54^{-0.01}_{-0.06}$						合　否	
3	深度	$23^{+0.05}_{0}$						合　否	
结论（对上述 3 个测量尺寸进行评价）			合格品		次品		废品		
处理意见									
考核师签字：			考生签字：						

6.11　参　考　程　序

```
O2221；
G54 G40 G90；
M03 S800；              （精加工时 S1200）
G00 Z100；
X-60 Y-60；
Z10；
G01 Z-16 F200；
G41 D1 X-39 Y-37 F180；      （精加工时 F100）
```

```
       Y37 ,R10;
       X39 ,R10;
       Y-37 ,R10;
       X-39 ,R10;
       Y50;
       G40 X-50 Y50;
       G00 Z100;
       X0   Y0;
       M30;


       O2222;
       G90 G54 G40;
       M03 S800;              （精加工时 S1500）
       G00 Z100;
       X0 Y0;
       Z10;
       G01 Z-6 F100;          （分 4 层将 ø37 孔铣通）
       G41 D1 X10 Y8.5 F150;  （精加工时 F100）
       G03 X0 Y18.5 R10;
       G03 X0 Y18.5 I0 J-18.5;
       G03 X-10 Y8.5 R10;
       G01 G40 X0 Y0;
       G00 Z100;
       M30;


       O2223;
       G90 G54 G40;
       M03 S800;              （精加工时 S1500）
       G00 Z100;
       X0 Y0;
       Z10;
       G01 Z-9 F100;
       G41 D1 X11 Y11 F150;   （精加工时 F100）
       G03 X0 Y21 R10;
       G03 X0 Y21 I0 J-21;
       G03 X-11 Y11 R10;
       G01G40 X0 Y0;
       G00 Z100;
       M30;


       O2224;
       G90 G54 G40;
       M03 S1000;
       G00 Z100;
       X0 Y0;
       Z10;
```

```
G01 Z-1 F100；
G41 D1 X21 F150；
G03 J-21；
G01 G40 X0 Y0；
G00 Z100；
M30；

O2225；
G90 G54 G40；
M03 S800；                    （精加工时 S1500）
G00 Z100；
X0 Y0；
X0 Y-50；
Z10；
G01 Z-8 F100；
G41 D1 X20 Y-47 F150；        （精加工时 F100）
G03 X0 Y-27 R20；
G02 X0 Y-27 I0 J27；
G03 X-20 Y-47 R20；
G01 G40 X0 Y-50；
G00 Z100；
X0 Y0；
M30；

O2226；
G90 G54 G40；
M03 S1000；                   （精加工时 S1500）
G00 Z100；
X0 Y0；
X0 Y-50；
Z10；
G01 Z-3 F100；
G41 D1 X10 Y-37 F150；        （精加工时 F100）
G03 X0 Y-27 R10；
G02 X-14.43 Y-22.82 R27；
G01 X-49 Y-57.23；
Y-40.3；
X-22.89 Y-14.32；
G02 X-6 Y26.32 R27；
G01 Y40；
X6；
Y26.32；
G02 X22.89 Y-14.32 R27；
G01 X55.42 Y-47；
G01 X38.49；
X14.43 Y-22.82；
G02 X0 Y-27 R27；
```

```
G03 X-10 Y-37 R10;
G01 G40 X0 Y-50;
G00 Z100;
M30;


O2227;
G90 G54 G40;
M03 S1000;
G00 Z100;
X0 Y0
Z10;
G83 X28.284 Y28.284 Z-14 R5 Q3F80;
X-28.284;
Y-28.284;
X28.284;
G80;
G00 Z100;
M30;


O2228;
G90 G54 G40;          （对刀中心在需要扩孔的ϕ8孔的中心）
M03 S1200;
G00 Z100;
X0 Y0;
Z10;
G01 Z-3 F100;         （分3层将ϕ12孔铣完）
G41 D1 X-6 F80;
G03 I6;
G40 G01 X0;
G00 Z100;
M30;


O2229;
G90 G54 G40;
M03 S1000;
G00 Z100;
X0 Y0;
X0 Y-50;
Z10;
G01 Z-1 F100;
G41 D1 Y-27 F120;
G02 X0 Y-27 I0 J27;
G01 G40 X0 Y-50;
G00 Z100;
M30;
```

附录 A   数控车床/铣床（加工中心）练习图

各数控车床练习图分别如图 A-1～图 A-4 所示。

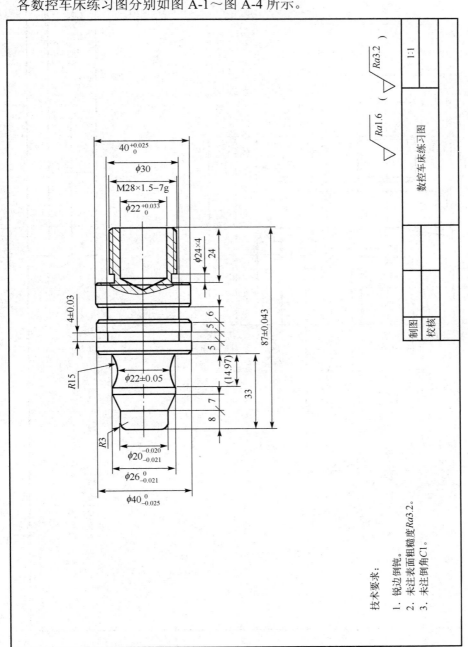

技术要求：
1. 锐边倒钝。
2. 未注表面粗糙度 Ra3.2。
3. 未注倒角 C1。

图 A-1 数控车床练习图 1

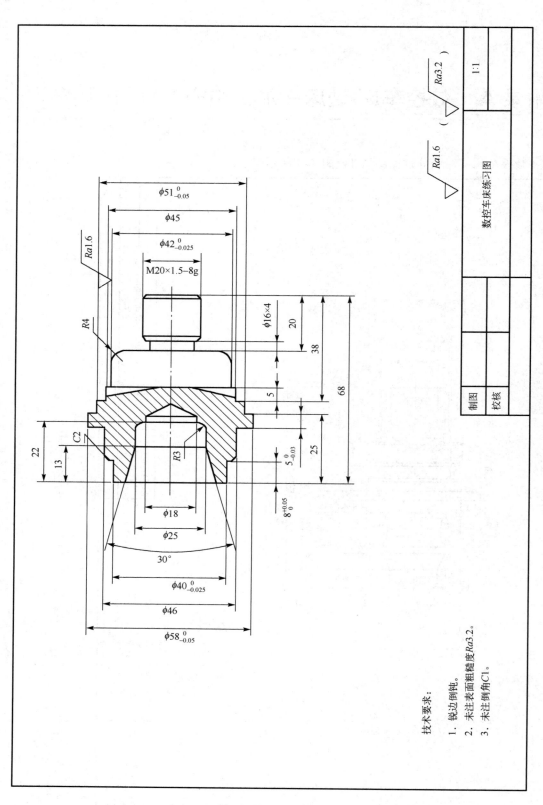

技术要求：

1. 锐边倒钝。
2. 未注表面粗糙度Ra3.2。
3. 未注倒角C1。

图 A-2 数控车床练习图 2

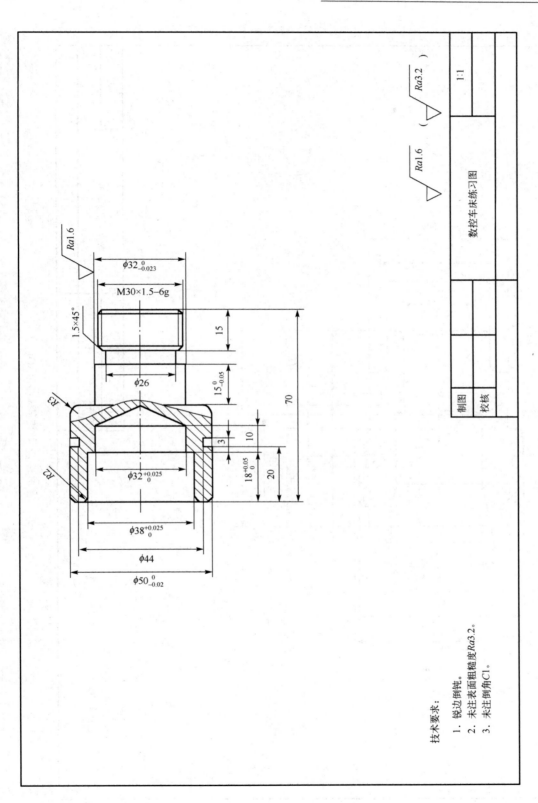

$Ra1.6$

$\phi32_{-0.023}^{0}$

M30×1.5–6g

1.5×45°

$\phi26$

15

$15_{-0.05}^{0}$

R3

3

10

$18_{0}^{+0.05}$

20

70

$\phi32_{0}^{+0.025}$

R2

$\phi38_{0}^{+0.025}$

$\phi44$

$\phi50_{-0.02}^{0}$

技术要求：
1. 锐边倒钝。
2. 未注表面粗糙度 $Ra3.2$。
3. 未注倒角 C1。

$Ra1.6$ （ $Ra3.2$ ）

数控车床练习图

制图

校核

1:1

图 A-3 数控车床练习图 3

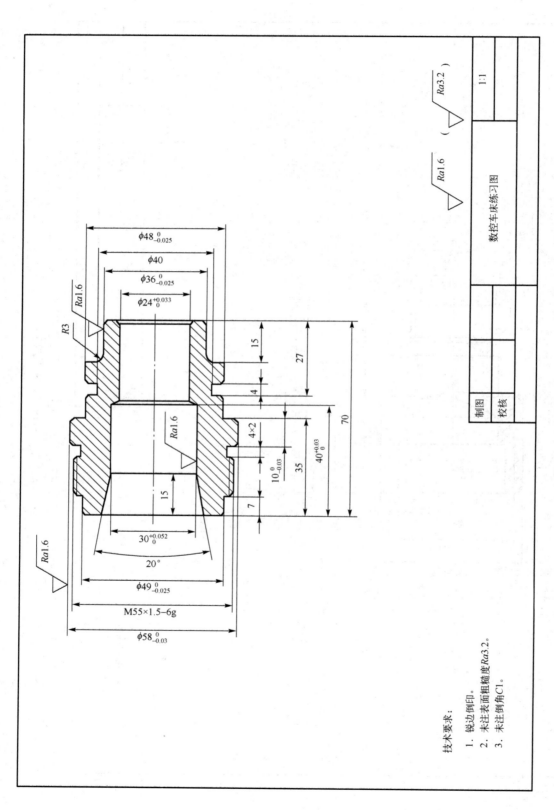

图 A-4　数控车床练习图 4

技术要求：
1. 锐边倒印。
2. 未注表面粗糙度 Ra3.2。
3. 未注倒角 C1。

各数控铣床（加工中心）练习图分别如图 A-5～图 A-8 所示。

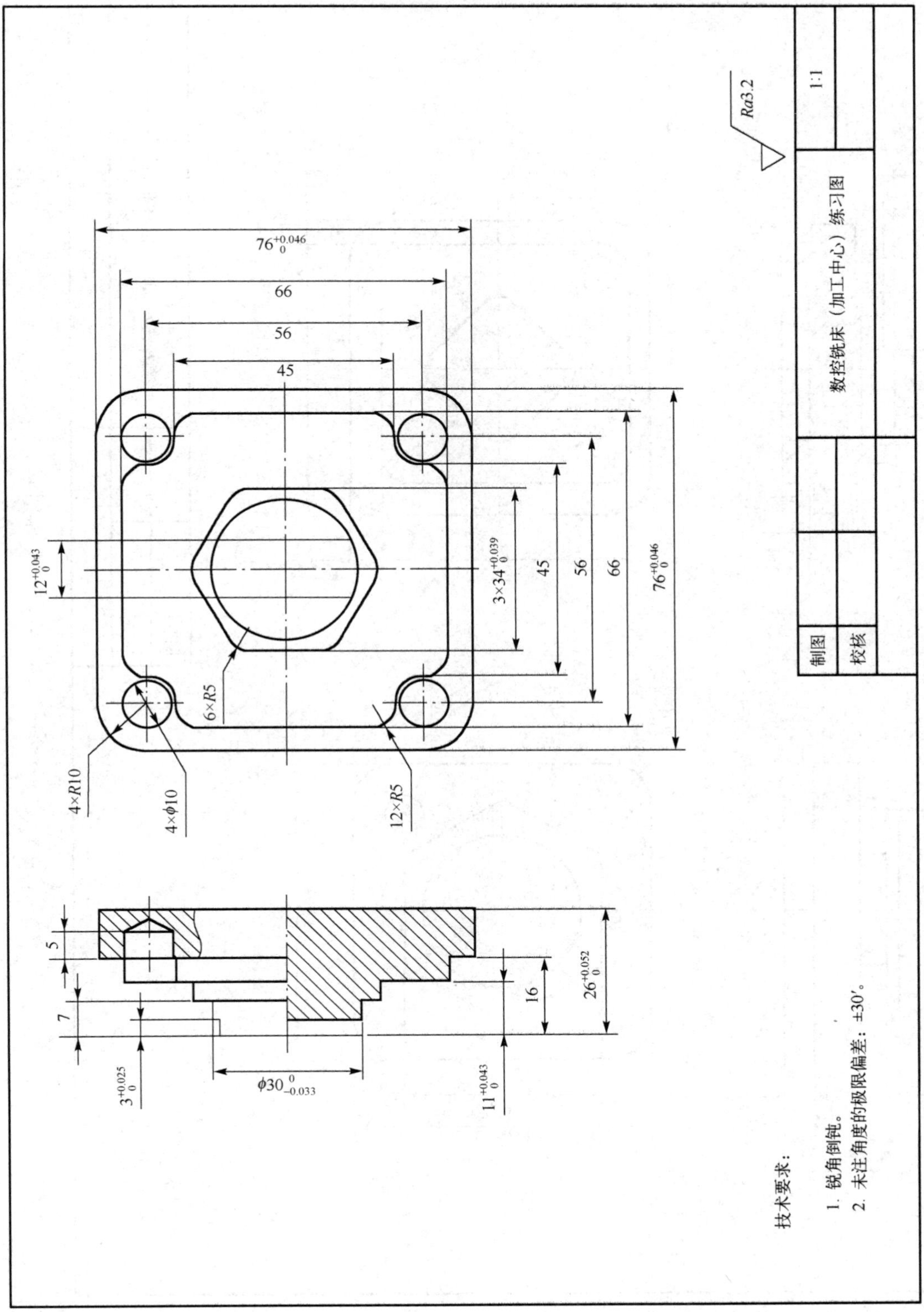

技术要求：
1. 锐角倒钝。
2. 未注角度的极限偏差：±30′。

图 A-5 数控铣床（加工中心）练习图 1

243

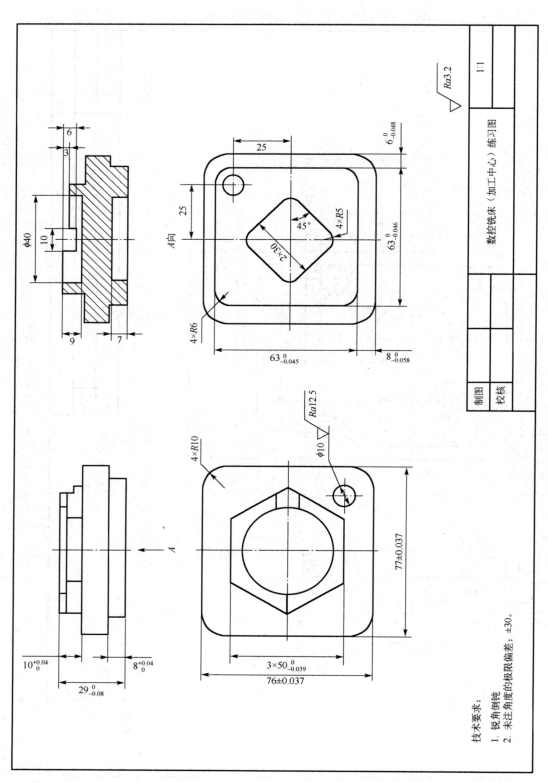

技术要求：
1. 锐角倒钝
2. 未注角度的极限偏差：±30′。

图 A-6 数控铣床（加工中心）练习图 2

数控铣床（加工中心）练习图

制图

校核

1:1

Ra3.2

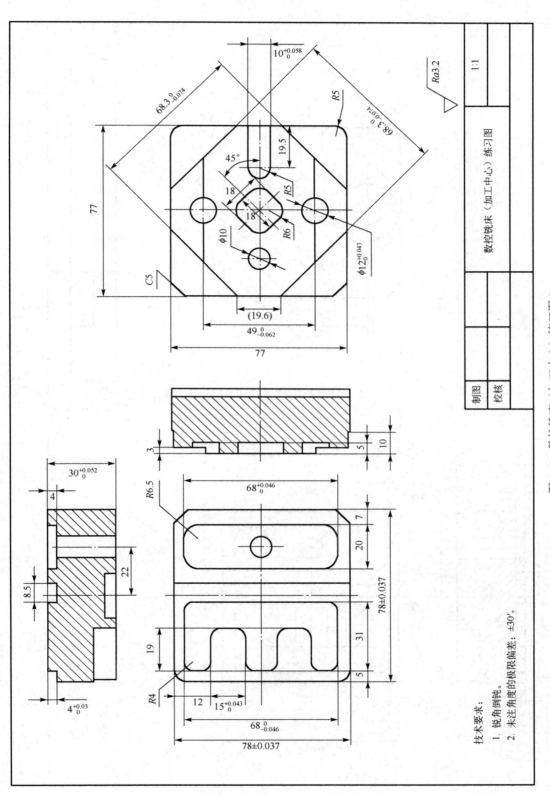

图 A-7 数控铣床（加工中心）练习图 3

技术要求：
1. 锐角倒钝。
2. 未注角度的极限偏差：±30′。

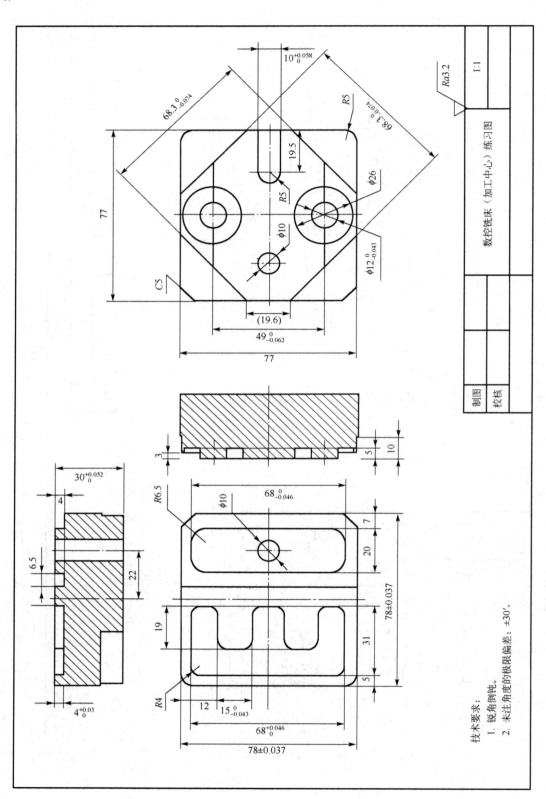

技术要求：
1. 锐角倒钝。
2. 未注角度的极限偏差：±30′。

图 A-8 数控铣床（加工中心）练习图 4

参考文献

[1] 罗友兰，周虹. FANUC 0i 系统数控编程与操作[M]. 北京：化学工业出版社，2009.

[2] 陈为国，陈昊. 数控车床操作图解[M]. 北京：机械工业出版社，2012.

[3] 陈吉红，杨克冲. 数控机床实验指南[M]. 武汉：华中科技大学出版社，2003.

[4] 杜军. FANUC 数控编程手册[M]. 北京：化学工业出版社，2017.

[5] 刘蔡保. 数控铣床（加工中心）编程与操作[M]. 2 版. 北京：化学工业出版社，2020.